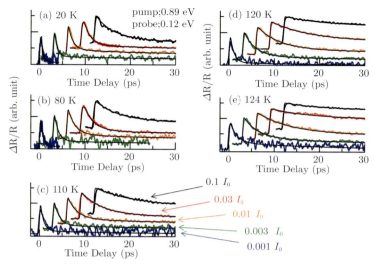

口絵 1 反射率変化（$\Delta R/R$）からわかる 2 次元有機伝導体 α-$(ET)_2I_3$ における光誘起金属の時間プロファイル．温度や光強度によって金属状態の寿命が大きく変化する．$I_0 = 1$ mJ/cm^2．測定エネルギーは 0.12 eV（文献 [63] より引用）（本文 p.53, 図 5.8 参照）．

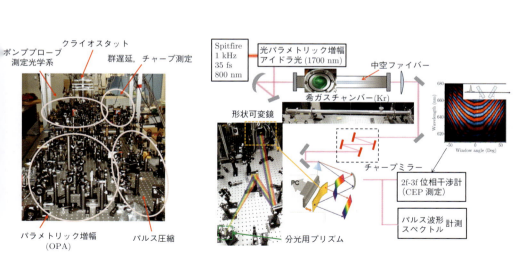

口絵 2 （左）12 フェムト秒光源とポンププローブ測定装置（本文 p.75, 図 7.4(b)）
（右）6 フェムト秒光源（本文 p.78, 図 7.6）

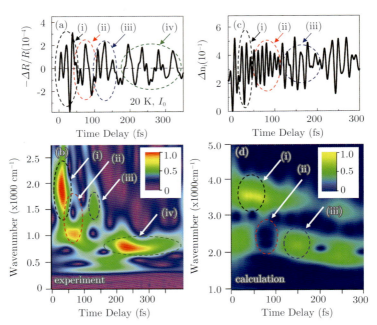

口絵 3 光誘起絶縁体-金属転移の初期過程に見られる，反射率変化の時間軸振動成分(a)(b)とウェーブレット解析(b)(d)によって求めたスペクトログラム(α-(ET)$_2$I$_3$). 電子や原子の振動が，刻一刻と変化していく様子が捉えられている．(a)(b) 実験，(c)(d) 理論（文献 [102] より引用）（本文 p.82, 図 7.9 参照）．

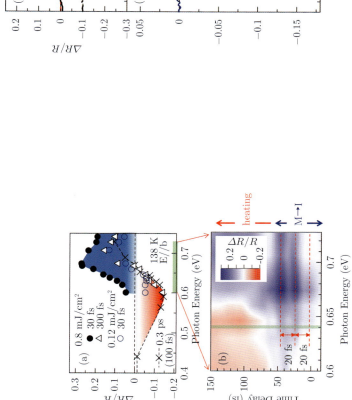

口絵 4 ポンプブローブ法によって測定された反射スペクトルの変化 ($\Delta R/R$). 7 fs の瞬時電場によって電子の運動が凍結される様子が観測されている. (α-(ET)$_2$I$_3$, ●: 0.8 mJ/cm^2, 30 fs, △: 0.8 mJ/cm^2, 300 fs, ○: 0.12 mJ/cm^2, 30 fs, ×印は, 100 fs パルスを用いて測定された過渡スペクトル. (b) 過渡スペクトルの時間発展. 約 50 fs で電子は熱化するが, その一瞬前に電子の運動は凍結される (文献 [124] より引用)(本文 p.98, 図 8.7 参照).

口絵 5 (a) 口絵 4(b) で示した過渡反射スペクトルの時間プロファイル. 青い部分が, 電子の凍結に対応する反射率の増加を示す. (b)(a) の時間プロファイルから得られる周期 20 fs の振動成分. 電荷ギャップが開いたことを示している. 挿入図は, 振動成分のウェーブレット解析によって求めた 0-40 fs および 80-120 fs における時間分解振動スペクトルを, 定常光学伝導度 [10 K (電荷秩序), 140 K (金属)] とともに示す (文献 [124] より引用)(本文 p.100, 図 8.8 参照).

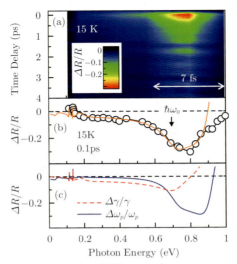

口絵 6 (a) 光励起によるプラズマ反射端のシフト ((TMTTF)$_2$AsF$_6$) (b) 0.1 ps における過渡反射スペクトルと，ローレンツモデルによるフィッティング（朱色線）(c) (b) の $\Delta\omega_p/\omega_p = 0.018$, $\Delta\gamma/\gamma = 0.12$ の各スペクトル成分（文献 [126] より引用）（本文 p.106, 図 8.11 参照）.

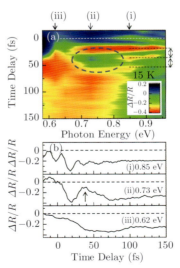

口絵 7 (a) 7 fs パルスを用いて測定したプラズマ反射端シフトの初期応答((TMTTF)$_2$AsF$_6$) (b) 0.85 eV, 0.73 eV, 0.62 eV における $\Delta R/R$ の時間発展（文献 [126] より引用）（本文 p.107, 図 8.12 参照）.

Frontiers in Physics 12

多電子系の
超高速光誘起相転移
光で見る・操る・強相関電子系の世界

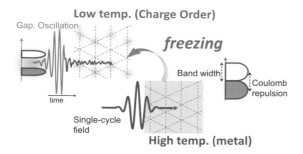

岩井伸一郎 [著]

基本法則から読み解く **物理学最前線**

須藤彰三 [監修]
岡　真

12

共立出版

刊行の言葉

　近年の物理学は著しく発展しています．私たちの住む宇宙の歴史と構造の解明も進んできました．また，私たちの身近にある最先端の科学技術の多くは物理学によって基礎づけられています．このように，人類に夢を与え，社会の基盤を支えている最先端の物理学の研究内容は，高校・大学で学んだ物理の知識だけではすぐには理解できないのではないでしょうか．

　そこで本シリーズでは，大学初年度で学ぶ程度の物理の知識をもとに，基本法則から始めて，物理概念の発展を追いながら最新の研究成果を読み解きます．それぞれのテーマは研究成果が生まれる現場に立ち会って，新しい概念を創りだした最前線の研究者が丁寧に解説しています．日本語で書かれているので，初学者にも読みやすくなっています．

　はじめに，この研究で何を知りたいのかを明確に示してあります．つまり，執筆した研究者の興味，研究を行った動機，そして目的が書いてあります．そこには，発展の鍵となる新しい概念や実験技術があります．次に，基本法則から最前線の研究に至るまでの考え方の発展過程を"飛び石"のように各ステップを提示して，研究の流れがわかるようにしました．読者は，自分の学んだ基礎知識と結び付けながら研究の発展過程を追うことができます．それを基に，テーマとなっている研究内容を紹介しています．最後に，この研究がどのような人類の夢につながっていく可能性があるかをまとめています．

　私たちは，一歩一歩丁寧に概念を理解していけば，誰でも最前線の研究を理解することができると考えています．このシリーズは，大学入学から間もない学生には，「いま学んでいることがどのように発展していくのか？」という問いへの答えを示します．さらに，大学で基礎を学んだ大学院生・社会人には，「自分の興味や知識を発展して，最前線の研究テーマにおける"自然のしくみ"を理解するにはどのようにしたらよいのか？」という問いにも答えると考えます．

　物理の世界は奥が深く，また楽しいものです．読者の皆さまも本シリーズを通じてぜひ，その深遠なる世界を楽しんでください．

　　　　　　　　　　　　　　　　　　　　　　　　　　　　須藤彰三

　　　　　　　　　　　　　　　　　　　　　　　　　　　　岡　真

まえがき

　光が当たることによって物質が変質するという現象は，染料（色素）の退色，植物における光合成反応，視覚の初期プロセスの例に見られるように，すでに19世紀から身近で重要な問題として研究の対象であった．光物質変換の研究には歴史上いくつもの節目があったが，固体では，写真の感光材として知られる塩化銀の光黒化や，アルカリハライドの色中心生成の発見などがよく知られている．1980年代の半ばごろに発見された，光誘起相転移もそのような節目の1つである．この現象の最大の特徴は，光の照射によって物質を構成する膨大な数の電子や原子の配置が一斉に変化する点にあり，そのため，電気伝導性，磁性，誘電性など様々な固体の巨視的特性が劇的に変質する．

　光誘起相転移の研究は30年以上にわたるが，現在起きつつある，あるいは数年の間に訪れようとしているこの分野の展開は，光の使い方そのものが変わる，という意味で劇的なものと言えるのではないだろうか．光によるキャリアドープや光誘起構造変化などの実励起を引き金にしていた従来の研究では，光の強度（＝励起キャリアの数）が重要なパラメータであったが，光の高周波振動電場や磁場そのもので物質中の電子やスピンを駆動する新たな試みでは，電場や磁場の振幅や位相が問題になっている．この状況を，かつて光誘起相転移の開拓期と比較してみると興味深い．光ドープや構造変化による相転移は，それ以前から議論されていた光照射による格子温度の上昇とはまるで異なるものであったが，今，起きようとしていることも，それと同等あるいはそれ以上のインパクトを持っている．なぜなら，電磁波としての特性をより直接的に使う，光でのみ可能な物質変換の方法論は，化学ドープや圧力印加を光ドープや光誘起構造変化に置き換えたのとはまったく異なるからである．

　とは言え，こうした試みはまだ始まったばかりである．原子分子におけるデモンストレーションから，ようやく固体へ研究対象が拡張されつつあるが，今のところ主な研究対象はバンド理論で記述できる半導体や金属に限られており，

強相関電子系など複雑系物質における本格的な展開は（少なくとも実験的には）これからと言える．その意味では，本シリーズの刊行緒言にある，「研究成果が生まれる現場に立ち会った最前線の研究者が丁寧に解説します」という趣旨からはやや外れるかもしれない．そうなってしまったのは，筆者の筆が遅く，本書を書く機会をいただいてからあまりにも時を経たために，"はからずも"，上記のような新たな研究フェーズが始まってしまったからである．そのため，ごく最近の成果について述べた第 8 章では，現時点では一般的とは言えないことも含まれている．しかし，所詮研究とはそうしたものであり，後になって，「あのときはあんなふうに考えてたんだなあ」というようなことも出てくるものである．本書の読者が，将来，本書で述べている描像の限界や誤りを指摘し，この分野をより実りある方向へと開拓することを期待したい．

　本シリーズの対象となるような先端研究分野では当然のことかもしれないが，本書を書くにあたり苦労したことは，光誘起相転移や，光による強電場効果を理解するために必要な基礎概念があまりにも多岐にわたることであった．各章の内容が同じ本の中にあることは通常あり得ない．その異なる内容をどのように関連づけ，後半の研究成果へと導くのかについては，配慮したつもりではあるが，うまくいったかどうかはわからない．

　本書の第 5-8 章で述べた内容は，多くの方々との共同研究の成果である．山本薫（岡山理大），薬師久弥（分子研，豊田理化研究研（当時）），米満賢治（中央大），佐々木孝彦（東北大金研），石原純夫（東北大理），岸田英夫（名大工），有馬孝尚（東大新領域），岩野薫（物構研），高橋聡（名工大），妹尾仁嗣（理研）ほか多くの方々との出会いがなければ本書で紹介した研究は為しえなかった．全員のお名前をあげることはできないが，この場をお借りしてすべての共同研究者に心より感謝したい．また，これらの研究は，東北大学大学院理学研究科の筆者の研究グループのスタッフとかつて在籍した，あるいは現在在籍している学生諸氏とともに行ったものでもある．極めて困難な実験に果敢に挑み，信じられないほどの執念によってそれらを遂行した伊藤弘毅博士と川上洋平博士，および中屋秀貴博士（現（株）アドバンテスト），伊藤桂介博士（現東北大学金属材料研究所）をはじめとする，すべての卒業生と在学中の学生に敬意と感謝を表したい．また，筆者をこの分野にお導きいただいた恩師の中村新男先生（現名古屋産業技術研究所，名古屋大学名誉教授）と時崎高志先生（現産総研），ご指導いただいた多くの諸先生方に感謝いたします．

本書を書くことができたのは，シリーズ編者の須藤彰三先生に機会をいただいたことによる．しかし，依頼を受けてから，あまりにも長い年月を経てしまった．これはもちろん筆者の浅学非才のためでありお詫びをするほかない．しかし，そのおかげで上記のような新たな展開に関しても言及することができたのは筆者にとっては幸運と言えるのかもしれない．また，ご多忙の中本書の草稿を丁寧にお読みいただき，数多くのご指摘と本質的なコメントをいただいた，共同研究者でもある米満賢治教授と石原純夫教授に感謝いたします．

　本書の構成について；

　本シリーズ（基本法則から読み解く 物理学最前線）の特徴は，必要最低限な基礎知識から先端的な研究内容へ，可能な限り直接つながる構成になっていることである．本書では，まず光誘起相転移や強相関電子系の物性を理解するために必要な基本概念として，相転移の臨界現象と不均一性（第2章），強相関電子系と絶縁体—金属転移（第3章），固体の光励起状態（第4章）に関する説明を行う．その後，第5, 6章（電荷秩序型有機絶縁体における光誘起絶縁体—金属転移，ダイマーモット絶縁体における光誘起相転移），第7章（光誘起相転移の初期過程），第8章（瞬時強電場が拓く固体のコヒーレント極端非平衡）では，ここ10年に行われてきた光誘起相転移に関する研究の展開の中で，筆者らの研究グループで行ったものを中心にまとめた．第5, 6章と第8章では随分と趣が異なることを感じられる読者も多いだろう．すなわち，第5, 6章では，第2章で述べる協力性や臨界性，あるいは相境界の不安定性などの相転移の熱力学的な概念が主役を演じているのに対し，第8章では，第4章で述べる，光や光によって直接物質内に作られる励起状態のコヒーレンスがより重要な役割を果たしている．これは，光誘起相転移という現象が，光を単なる"ゆらぎ"を与えるエネルギー源として利用したものから，光の電場によって物質内の電子を直接操作する，より制御性の高いものに変わりつつあることを示している．第7章は，その過渡期における研究であり，それらの橋渡しと理解していただきたい．

2016年10月　　　　　　　　　　　　　　　　　　　　　　　　　　　　岩井伸一郎

目 次

第 1 章　極短パルスレーザーで覗く超高速の世界　　1

- 1.1　はじめに　　1
- 1.2　光化学反応とアルカリハライドの色中心　　2
- 1.3　強相関電子系と光誘起相転移　　4
- 1.4　もう 1 つの強相関電子系；有機電荷移動錯体　　6
- 1.5　近赤外単一サイクルパルス光の作り方　　7
- 1.6　～単一サイクル赤外光が拓く超高速光物性の新しい展開　　9

第 2 章　臨界現象と不均一性　　11

- 2.1　対称性の破れ　　12
- 2.2　臨界指数　　13
- 2.3　動的臨界現象（臨界減速）　　14
- 2.4　不均一性と核生成　　16
- 2.5　熱的相転移と光誘起相転移　　18

第 3 章　強相関電子系と金属-絶縁体転移　　19

- 3.1　ハバードモデル　　19
  - 3.1.1　強束縛近似　　19
  - 3.1.2　多電子波動関数と電子間相互作用　　20

		3.1.3 第二量子化と占有数演算子	22
		3.1.4 ハバードモデル	23
3.2	モット絶縁体と電荷秩序絶縁体		23
3.3	電荷秩序と電子強誘電性		27
3.4	価数制御とバンド幅制御		29
3.5	3/4 フィリング有機伝導体 $(ET)_2X$		31

第4章 光励起状態　35

4.1	電子を光励起する	35
4.2	固体の励起状態；励起子と自由電子正孔対	37
4.3	強束縛モデルにおける光励起状態；パイエルスの位相	39
4.4	強相関電子系の光励起状態	40

第5章 電荷秩序型有機伝導体における
##　　　　光誘起絶縁体-金属転移　44

5.1	電荷秩序の超高速光融解		44
	5.1.1	ポンププローブ過渡反射測定	44
	5.1.2	定常反射率と光学伝導度	45
	5.1.3	第二高調波発生とテラヘルツ光発生	46
	5.1.4	過渡反射スペクトル	47
5.2	電荷秩序の回復		49
5.3	光誘起相転移の動的臨界現象		52

第6章 ダイマーモット型絶縁体における光誘起相転移　57

6.1	ダイマー内格子変位による光誘起絶縁体-金属転移		57
	6.1.1	κ-$(d$-$ET)_2Cu[N(CN)_2]Br$ と κ-$(d$-$ET)_2Cu[N(CN)_2]C\ell$.	57
	6.1.2	ダイナミクスと機構	59

	6.1.3	光誘起絶縁体-金属転移の励起波長依存性	62
6.2	分極クラスターの光成長		63
	6.2.1	電荷短距離秩序の光励起	63
	6.2.2	誘電異常とダイマー内双極子	63
	6.2.3	テラヘルツ帯の光学伝導度スペクトル	65
	6.2.4	電荷の集団励起 (E ∥ c)	66
	6.2.5	電子誘電体の光誘起相転移 〜秩序の融解から構築へ . .	67

第7章　光誘起相転移の初期過程　　70

7.1	極短光パルスの作り方		71
	7.1.1	時間応答と周波数応答	71
	7.1.2	波長変換によるスペクトルの広帯域化	72
	7.1.3	光パラメトリック増幅	73
	7.1.4	自己位相変調	76
7.2	極超短パルスで光誘起相転移の何がわかるのか？		
	〜価数制御モデルを超えて〜		79
7.3	見えてきた初期過程；		
	光が物質を変える瞬間の超高速スナップショット		80
	7.3.1	広帯域スペクトルで励起するとはどういうことか？ . . .	80
	7.3.2	時間軸振動のウェーブレット解析	81
	7.3.3	はじめの 30 fs；電子のコヒーレント振動	82
	7.3.4	〜50 fs；電子と分子内振動の破壊的干渉	84
	7.3.5	>130 fs；コヒーレント分子内振動	85
7.4	電子間相互作用と電子格子相互作用の役割		87

第8章　瞬時強電場が拓く
　　　　固体のコヒーレント極端非平衡　　89

8.1	フロケ状態	89
8.2	動的局在	92
8.3	光による電子の局在は可能か？	95

- 8.4 2次元有機伝導体における電荷局在と秩序形成 96
  - 8.4.1 金属-絶縁体転移によるスペクトルの変化 96
  - 8.4.2 7 fs パルスで見た瞬時強電場効果 97
  - 8.4.3 電荷ギャップ振動 99
  - 8.4.4 振電相互作用 100
  - 8.4.5 移動積分の減少とクーロン反発 101
- 8.5 擬1次元有機伝導体における移動積分の減少 103
  - 8.5.1 擬1次元有機伝導体 $(TMTTF)_2AsF_6$ 103
  - 8.5.2 光励起による ω_p の減少と γ の増大 105
  - 8.5.3 7 fs 瞬時電場による初期応答の観測 106
  - 8.5.4 移動積分の減少と電子温度上昇のダイナミクス 109
  - 8.5.5 強電場効果の緩和 110
- 8.6 まとめと今後の展開 111

参考文献　　114

索 引　　125

第1章 極短パルスレーザーで覗く超高速の世界

1.1 はじめに

　筆者がフェムト秒レーザーを使った固体や分子の研究を始めて，いつの間にか 25 年以上が経った．この間に，ポンププローブ測定など物性測定の時間分解能は飛躍的に向上し，現在では数フェムト秒のダイナミクスを議論することも可能になった．このことは，時間軸上の超高速スナップショットを追跡すべき対象が，原子や分子のみならず，はるかに高速で動く電子にまで拡がりつつあることを示している[1]．可視光や近赤外光などの我々に身近な光が，物質の価電子（電気伝導性や色に関係している電子）と直接相互作用することを考えれば，光によって変化する固体中の電子状態を，時間軸上で見たり，操ったりすることができる時代が訪れつつあると言うことができる．

　著者がこの 10 年ほどの間に多くの共同研究者や学生諸氏とともに行ってきた研究の動機は，（恐らくは同じ分野のほかの多くの研究者と同様に）まさにこうした，固体中の（互いに相互作用する）多数の電子の捕捉や操作であった．今や誰もが知っており，いわば量子力学を象徴するものでもある「電子」が固体の中でどのように運動するのかを時間軸上で捉えることは，光を用いた固体物性，つまり光物性において最も基本的な目標の 1 つである．本書の目的は，こうした開拓期にある研究の推移とその背景を，分野外の読者，特にこれから研究の世界に挑戦しようとする若い学生諸氏に伝えることであるが，その前に，著者がどのような経緯で，上記のような研究に興味を持ったのかについて簡単に触れておきたい．

---

[1] 一方，構造の変化に関しては，X 線や電子線を用いた時間分解構造回折が可能になってきた．100 フェムト秒 (fs) 程度の時間領域に関しては，レーザー分光はもはや唯一の測定手段ではない．本シリーズ腰原氏の著作を参照されたい [1]．

1.2 光化学反応とアルカリハライドの色中心

筆者の学生時代(1990年代はじめ)には,ちょうど分子が光解離する様子がパルス幅～100フェムト秒(fs)のレーザーによって初めて捉えられていた[2]. アルカリハライド(Alkali halide)分子(NaI)が,図1.1のような中間状態(Na^+------I^-)との間を周期～1ピコ秒で行きつ戻りつしながら,数ピコ秒の間に解離が進行する様は,当時としては圧巻であった(その後この分子の光解離(Photodissociation)のダイナミクスに関する研究は,1999年度のノーベル化学賞を受賞している[2]). 当時の私にとって,分子の動きが実時間軸で"見える"というのは驚嘆に値する出来事であった. 落ちこぼれ気味の物理系の学生であった私には,高温超伝導や低次元電子系,強相関電子系などの深遠な物理の世界は難しくてよく理解できなかったこともあり,視覚的にわかりやすい分子のダイナミクスはより魅力的に見えたのかもしれない. その後,大学院では,フェムト秒レーザーを用いて,光励起による格子欠陥(色中心, Color center)の生成過程[3]を研究することになった. これは,固体中での光化学反応(Photochemical reaction)とも言えるものであり[4],物理の世界の中で"分子"のダイナミクスを見る機会を得た. 色中心は,岩塩などアルカリハライド結晶中のハロゲン陰イオンの欠陥に束縛された電子であり,この束縛電子による光吸収が,透明な結晶中に美しい着色(岩塩の場合は黄色)を示すことがその名前の由来となっている. 光励起による色中心の生成メカニズムの研究は,並進対称な結晶格子の下で生成した光キャリア(Photo-carrier)や励起子(Exciton)が,どのようにして自ら並進対称性と中心対称性を破るのか?という歴史ある問題として知られていた. 当時(90年代のはじめごろ),パルス幅～100 fsのフェムト秒レーザーを用いた実時間スナップショット観測によって,この分野は1つのハイライト

　　　NaI　　　　中間状態　　　Na + I

図 1.1　アルカリハライド分子の光解離反応の模式図.

---

[2] 授賞理由:フェムト秒分光学を用いた化学反応の遷移状態の研究.

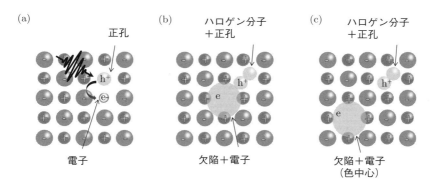

図 1.2 アルカリハライド結晶における色中心生成の模式図. (a) 光励起による光キャリア，励起子の生成，(b) ハロゲンの欠陥に束縛された電子，格子間のハロゲン分子に束縛された正孔が最近接に存在，(c) 欠陥＋電子（色中心）と，ハロゲン分子＋正孔が分離している.

を迎えようとしていた [3]．図 1.2 に色中心生成の模式図を示す．(a) 光キャリア [電子（アルカリイオンの s 軌道からなる伝導帯），正孔（ハロゲンイオンの p 軌道からなる価電子帯）] を生成すると，(b) のようにハロゲンイオンが自発的に図の対角方向に動き，ハロゲンサイトの欠陥 (Defect) に束縛された電子と，2 つのハロゲンイオンからなる"ハロゲン分子"に束縛された正孔の隣り合ったペアができる．その後，(c)「欠陥＋電子」と「分子＋正孔」は，対角方向に分離し，色中心が完成する．この固体中における，"分子"の形成とその移動は，先に述べた気相中分子の解離反応と類似したものであり，意外なことに初期応答の時間スケール（数百フェムト秒〜1 ps）にそれほどの違いはない.

こうした，光励起を引き金とする固体中の原子や分子位置の変化を考えるとき，多くの場合，断熱近似 (Adiabatic approximation) と呼ばれる近似を使う [5]．この近似は，「原子核や分子の動きに対して電子が即座に応答する」というもので，原子や分子の運動は，電子の運動に比べて十分に（〜1000 倍）ゆっくり起きることになる．この前提の下では，図 1.3 のように，光はまず電子の波動関数を（原子の配置はそのままで）$|a\rangle$ から $|b\rangle$ へと変化させ，その後，原子の配置がそれを追随するように Q_0 から Q_1 へと変化する．つまり電子の変化は，"一瞬"に間に起こることであり，ダイナミクスを追う対象はもっぱら原子や分子であった.

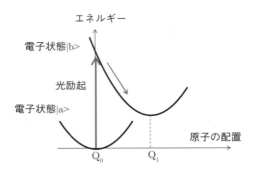

図 **1.3** 断熱近似の下での光誘起原子移動.

1.3 強相関電子系と光誘起相転移

　一方，当時固体物理の世界では，銅酸化物 (Cuprate) の高温超伝導体 (High-temperature superconducors) の発見をきっかけとして，金属-絶縁体転移 (Metal-insulator transition) をはじめとする強相関電子系 (Strongly correlated electron system) の物理が脚光を浴びており [6]，その光制御の試みも始まろうとしていた [7]．これらの物質では，化学ドーピング (Chemical doping) による価電子バンドの占有数変化（フィリング制御, Filling control）や，圧力印加によるバンド幅の変化（バンド幅制御, Bandwidth control）によって（図 1.4(a)），絶縁体-金属-超伝導，常磁性-（反）強磁性，常誘電性-強誘電性などの相転移（図 1.4(b)）が起こることが知られていた．化学ドーピングや圧力印加の代わりに，光照射によって相転移を起こそうという，いわゆる「光誘起相転移 (Photoinduced Phase Transition)」のアイデアは，すでに 80 年代からあったが，強相関電子系において本格的な探索が始まったのは，1990 年代の後半になってからである[3]．フィリング制御を施したマンガン酸化物 (Manganese Oxides または，Manganites)

---

[3] 著者の知る限り，光誘起相転移という名前は，共役ポリマー (Conjugated polymer) の光誘起 A-B 転移で最初に使われた [8]．また，光スピン転移は，それ以前から，LIESST(Light Induced Excited Spin State Trapping) という名前で報告されていた [9]．ちなみに，「光による金属化」(Metal to insulator transition by light) という概念は，1983 年に出版された固体物理特集号「エキゾティックメタルズ」で使われている [10]．ただし，そこで提案されたアイデアは，電荷密度波 (Charge Density Wave) の倍周期構造を光励起で解く，というものであり，ここで議論の対象とする電子間のクーロン反発によって形成された絶縁体を金属化するのとは機構が異なる．

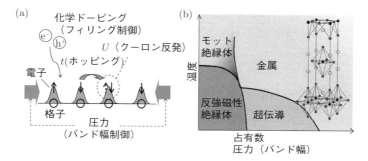

図 1.4 (a) 強相関電子系における物質制御（フィリング制御とバンド幅制御）の模式図．各格子点に平均 1 個の電子が存在し，t, U はそれぞれ，電子のホッピングによるエネルギーの減少と，1 つの軌道に 2 つの電子が入ったときのクーロン反発エネルギーの増大を示す．(b) 遷移金属酸化物の典型的な相図．

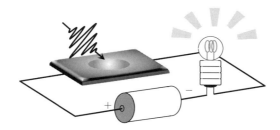

図 1.5 光照射による電気抵抗の減少の模式図．

において光照射による実に 8 桁にも及ぶ電気抵抗の減少（図 1.5）が観測され，センセーショナルな話題となった [11]．この，光誘起相転移という現象が，色中心と本質的に異なるのは，結晶の一部のサイトが局所的に変化するのではなく，巨視的な電子状態が変化するという点である．強相関電子系では，多数の電子の間に働くクーロン反発 (Coulomb repulsion) が物質の性質を支配している，と言われている．それを文字通りに捉えるならば，原子や分子の配置が大きく変化しない，純電子的，あるいはそれに近い相転移も可能となるはずである [12][4]．$3d$ 遷移金属酸化物 ($3d$ transition metal oxides) において，電子物性

---

[4] もちろん実際には，電子状態が変化すれば，多かれ少なかれ原子や分子の構造も変化する．物質によっては，電子間相互作用と同様に，構造の変化が重要な役割を果たす物質も数多く存在する．しかし，ここではそのような格子の変化が小さい場合に注目する．

を支配している主なパラメータは，サイト間の電子ホッピングによるエネルギーの減少，(移動積分,Transfer integral $t\sim 1\,\mathrm{eV}$) と，電子2個が1つのサイトを二重占有 (Double occupancy) したときのクーロン反発エネルギーの増分（On-site Coulomb energy $U\sim$ 数 eV）であることから，電子相転移を特徴づける時間スケールは，原理的には遅くとも電子ホッピングの時間である$\sim 4\,\mathrm{fs}$ ($=h/(1\,\mathrm{eV})$) 程度であることが期待できる．このような純電子相転移の光駆動はペタ（Peta, 10^{15}）フロップスの固体素子の動作原理としても期待できる．しかし，残念ながら可視光領域のみでこの応答速度を活かしきれるアト秒 (Attosecond) パルスの発生は困難である [5,6]．

1.4 もう1つの強相関電子系；有機電荷移動錯体

"強相関電子系" である条件を端的に言うと，電子のホッピングによるエネルギー減少が，電子間のクーロン反発によるエネルギーの増加よりも小さいために，最外殻電子軌道の不対電子が動けないことである．$3d$ 遷移金属酸化物の場合には，電子間の斥力エネルギー (U) は数〜10 eV にも及び，ホッピングのエネルギー$\sim 1\,\mathrm{eV}$を上回る．一方，π電子系の有機電荷移動錯体 (Organic charge transfer complexes) [13]（図 1.6）においては，エネルギーの絶対値としては約1桁も小さいものの，t（$\sim 0.2\,\mathrm{eV}$）と U（$\sim 1\,\mathrm{eV}$）の相対関係で言えば，やはり強相関電子系の条件を満たしている．実際に，絶縁体‐金属転移などの強相関電子系特有の物性も観測される．これらの物質系は，1980年代に，有機金属や，有機超伝導体をめざして開発された経緯から（クーロン反発によって絶縁性を示すものも含めて）有機伝導体 (Organic conductors) と呼ばれている．電子のホッピングの時間スケールは，$h/(0.2\,\mathrm{eV})\sim 20\,\mathrm{fs}$ であり，数フェムト秒のパルスを用いて，電子の観測や操作を行うためには格好の舞台となる．このような状況では，励起パルスのスペクトル幅が，電子状態やその励起状態を特徴づけるバンド幅およびバンドギャップのエネルギーを上回るため，1.2節で述べた共鳴や断熱励起という描像が破たんする．

---

[5] 後述するように短パルスの発生には広いスペクトル幅が必要となるが，アト秒に対応するスペクトル幅は，可視光領域を超えてしまう．X線領域ではすでに 100 アト秒のパルス発生が可能となっている．

[6] 遷移金属酸化物の光応答に関しては，その後も多くの議論が引き続き行われている．

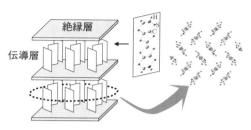

図 1.6 2次元の有機電荷移動錯体（有機伝導体）の模式図．ドナー分子からなる伝導層と，アクセプター分子の絶縁層が積層している．ドナー分子の π 電子が電子物性を担っている．

1.5 近赤外単一サイクルパルス光の作り方

　ここで，一旦物性物理から離れて光の話をしよう．物性測定を前提とした光源の開発は，純粋な光源の研究とは異なって，対象とする物質系や測定方法によって制限を受ける．この場合は，対象とする有機物質の電子状態が，近〜中赤外光領域の反射スペクトルの変化によって特徴づけられるという事情により，赤外領域の短パルス光が必要となる．この後述べるように，数フェムト秒パルスの光源開発の歴史の中で，赤外光に関する進展は比較的新しく，この 10 年の間に行われたものが多い [14, 15]．一般に，時間軸上のパルス波形 $E(t)$ とスペクトル形状 $E(\omega)$ の間には，フーリエ変換 (Fourier transform) の関係

$$E(t) = \frac{1}{2\pi} \int_{-\infty}^{+\infty} E(\omega) e^{-i\omega t} d\omega$$

が成り立つので，光を単色にする（デルタ関数的なスペクトルにする）ためには，電磁波の時間軸振動が，無限に続いている必要がある．逆に言えば，時間的に幅の狭いパルス光を得るためには，幅の広いスペクトルが本質となる．例えば，通信波長帯である中心波長 1.6μm の光を考えよう．図 1.7 に示すように，5 フェムト秒パルス光のスペクトル幅は，およそ 800 nm にも達し,波長 1〜2.5 μm を広くカバーする赤外白色光となる．このような白色性は,一般に知られているレーザーの単色性とは異なるが，これこそが短パルスレーザーの特徴と言える．

　数フェムト秒パルス光源開発の歴史は意外に古く，可視光領域では，すでに 80 年代に広い帯域幅を持つレーザー媒質（銅蒸気レーザー (Copper vaper laser), 色

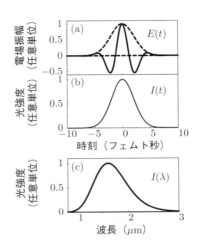

図 1.7 パルス幅 5 fs, 中心波長 1.6μm の赤外パルスの (a) 電場波形 $E(t)$ (点線は,包絡関数), (b) 光強度波形 $I(t)$, (c) スペクトル $I(\lambda)$.

素レーザー (Dye laser)) を用いた数フェムト秒のパルス発生に成功していた [16]. しかし,発振があまりにも不安定なために,光源開発の専門家によるわずかなデモンストレーションを除いて,物性研究への応用はそれほど進まなかった. 可視光領域に比べ赤外光領域の短パルス光源の開発はやや遅れていたが,90 年代後半に入って高安定,高出力なチタンサファイアレーザー (Titanium-sapphire laser) やファイバーレーザー (Fiber laser) の普及により事態は激変した. その高い安定性を利用して,パラメトリック増幅 (Optical Parametric Amplification), 自己位相変調 (Self-phase Modulation) などの非線形光学効果を用いた波長変換や広帯域化が可能になり,この 10 年の間に,チタンサファイアレーザーの発振波長 (〜800 nm) 以外の,赤外〜紫外, X 線に至る幅広い波長域での極短パルス光源の開発が進んだ.

赤外領域における数フェムト秒パルスの特徴としては,電場の振動周期が比較的長い (〜4-5 fs) ために,パルス電場 $E(t)$ の包絡関数 (Envelope function) (図 1.7(a) の点線) が,電場振動をその搬送周波数のわずか 1〜2 周期程度しか含まない. このようなほぼ単一サイクルの電場は,キャリア-エンベロープ位相 (Carrier-envelope phase; CEP) と呼ばれる光電場の位相 (搬送周波数と包絡関数の相対位相) を制御することによって瞬時強電場を物質に与えることが可能

となり，実際に，高次高調波発生によるアト秒 X 線発生のために励起源として開発が進められてきた [15]．第 8 章では，このような CEP を固定した〜単一サイクルの赤外光によって，瞬時強電場が多体電子を駆動することによる新しい超高速光物性について紹介する．

1.6 〜単一サイクル赤外光が拓く超高速光物性の新しい展開

　パルス幅数フェムト秒，〜単一サイクルの赤外光の利用は，どのような光物性の研究を可能にするのだろうか．すでに述べてきたように，少なくとも有機物質においては，サイト間の電子の運動を実時間軸上で捕捉することができる．しかし，我々がこの光源に大きな期待を持っている理由は他にもある．それは，物質表面に数十から百 M（メガ $=10^6$）V/cm にも達する瞬時強電場の印加が可能になることである．$10\sim100$ MV/cm 以上という瞬時電場強度は，物質内の微視的なスケールに直すと $0.1\sim1$ V/Å であり，（素電荷をかければ）電子の運動を決めるホッピングのエネルギースケール（電子の移動積分）に匹敵する．さらにこの非摂動的 (Non-perturbative) な相互作用は，光電場の位相にも敏感であり，電子の位相制御が可能になる．

　このような摂動領域を超えた光と固体の相互作用は，理論での取り扱いはあったものの [17,18]，実験的には実現困難とされてきた．その理由は，非摂動領域の光電場の印加は，必然的に物質表面の温度を上昇させ，あるいは損傷させてしまうためである．例えば，10 MV/cm という電場は，これはレーザー溶接に用いる炭酸ガスレーザーの強度（MW/cm^2）にも相当する．レーザー光による温度の上昇や損傷の大きな理由は，光電場によって直接励起された電子のエネルギーが，いわゆる電子-格子相互作用 (Electron-phonon interaction) によって格子に伝わることによると考えられるが，特に，電子-格子相互作用の時間スケールよりも長いパルス光での励起は，格子の温度を上げ続けることになり，損傷へつながる．一方，<10 fs のパルス光による励起は，ほとんどのフォノン（特に物質の損傷に直接つながるような低周波のフォノン）へと光エネルギーが移行する前に完了する．このことは，光電場による非摂動的な強電場効果を実現するために極めて有利に働く．

　近年，理論的に予想されている強相関電子系の光強電場効果として，電子の負

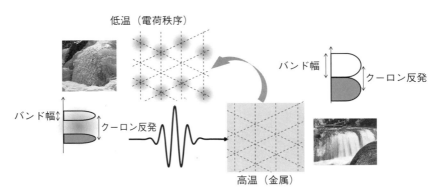

図 **1.8** 強相関電子系における光電場誘起の金属-絶縁体転移の模式図．高周波強電場によってバンド幅が減少し（動的局在），電荷ギャップの空いた絶縁体へと変化する．

温度状態 (Negative temperature) やクーロン相互作用の斥力／引力反転などエキゾチックなものも提案されている．これらは，今後，様々な実験を通じてその可能性が議論されていくと期待される．「動的局在 (Dynamical localization)」は，そのような固体の強電場効果の中で最も基本的な効果である．この現象は，光の高周波強電場によって，サイト間の電子のホッピングが抑制されるものであり，理論的には，約 30 年以上前に報告されている [18]．我々は，この動的局在を，強相関電子系の物性制御として用いようと考えた．図 1.8 に示すように，強相関電子系の電荷ギャップは，電子のバンド幅（∝ ホッピングのエネルギー）と，クーロン反発のバランスで決まっている．したがって，動的局在によってバンド幅が狭くなればギャップが開いて絶縁体になると予想できる．動的局在と強相関電子系の物性を知っていれば，誰でも思いつくこの単純なシナリオが（少なくとも実験的な観点から）注目されなかったのは，物質を損傷させることなく，動的局在を実現できるような強電場を印加することは不可能だったためである．光による強電場効果は，理論的にもいまだ開拓期にあり，動的局在や，負温度，クーロン相互作用の斥力／引力反転のほか，非線形磁気応答など，様々な効果が提案されつつある．今後そうした新規な現象を，どのように物性制御の戦略として用いるのか，可能性は尽きない．これはもはや国際的な潮流となりつつあり，実験，理論とも現在，多くの卓越した国内外の研究者が精力的に研究を進めている．本書を読まれる方々が，興味を持ち，最新の実験技術と理論を駆使してこれらの問題に挑まれることを期待したい．

第2章 臨界現象と不均一性

　本章では，第5章で述べる光誘起相転移の熱力学的性質を理解するための準備として，相転移の基本的な性質である相関長 (Correlation length)，臨界現象 (Critical phenomena)，相分離 (Phase separation) の基本的な事項を概説する．

　光誘起相転移の熱力学的な意味は，i) 過冷却状態 (Super cooling state) にある物質に光を照射して，準安定状態 (Metastable state) から最安定状態 (Most stable state) へと移行させる（図 2.1(a)），あるいは ii) 最安定状態から準安定状態へ移行させる（図 2.1(b)）ということである．本書で扱うのは主に後者だが，その場合，安定な相の中に，不安定な相を作ることになるので，巨視的な復元力によって元の安定相へと引き戻される．また，必ずしも光が当たった箇所全部が，均一に変化するわけではなく，相分離やドメイン構造 (Domain structure) になる場合もある．光誘起相転移を，熱力学的な相転移として理解するためには，そのような相転移を特徴づける，臨界減速 (Critical slowing down) や不均一性 (Spatial inhomogeneity) などの概念について，通常の相転移と比較し，類似性と相違点を明らかにすることである．

　熱力学第二法則によれば，数多くの電子や原子からなる物質は，エネルギーを低く，エントロピー (Entropy) を大きくするように安定化する．このことは，

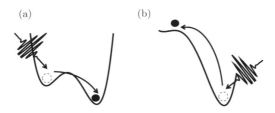

図 2.1　過冷却状態（ヒステリシス内）から安定状態への光誘起相転移，(b) 安定状態から準安定状態への過渡的な"相転移"の模式図．

ヘルムホルツの自由エネルギー (Helmholtz free energy), $F = E - TS$ (E：内部エネルギー，S：エントロピー，T：温度) によって理解できる．この式は，エントロピーの小さな低温状態では，電子間や電子と原子間の相互作用などの内部エネルギーが物質を支配し，一方，エントロピーの大きな高温では，相互作用の効果が小さく，乱雑な状態が安定となることを意味している．例えば，次章で述べる強相関電子系物質では，低温で電子間のクーロン相互作用によって電子の秩序化が起こる．しかし，高温ではエントロピー項が支配的になって秩序は融解する．ここでは，こうした秩序，無秩序の問題を記述する，最も基本的な方法，イジングモデル (Ising model) について説明する [19–24]．

2.1　対称性の破れ

　イジングモデルは，スピンの秩序状態（磁性体）を記述するためのものであるが，ほかのいろいろな相転移の定性的な理解にも役立つことが知られている．例えば，上向きスピン，下向きスピンをそれぞれ，電荷のある，なしに置き換えれば，電荷秩序を表すことも可能となる．

　ハミルトニアンは，

$$H = -J \sum_{i,j} \sigma_i \sigma_j - H_{ex} \sum_i \sigma_i + E_0 \tag{2.1}$$

と書くことができる．J はスピン間に働く交換相互作用 (Exchange interaction) を表し，$\sigma_i = \pm 1$ は，各サイトに上向き，下向きスピンが存在することを意味する．H_{ex} は外部磁場，各サイトの平均の磁化 m と，全磁化 m_{total} を定義すると，平均場近似 (Mean field approximation) の下で，

$$m_{\text{total}}/V = \langle \sigma_i \rangle \equiv m = \tanh((zJm + H_{ex})/(k_B T)) \tag{2.2}$$

が成り立つ．ここで，V は体積を表す．無磁場 ($H_{ex} = 0$) の場合には，自由エネルギーは

$$F = -k_B T \log Z \tag{2.3}$$

$$Z = \sum_{\sigma_i = \pm 1} e^{-\frac{H}{k_B T}} = e^{-\frac{1}{2} \frac{Jm^2 V}{k_B T}} \left[2 \cosh((zJm + H_{ex})/(k_B T))\right]^V \tag{2.4}$$

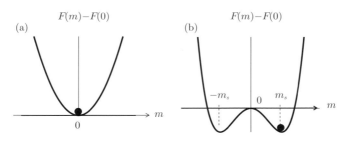

図 2.2 ランダウの擬似自由エネルギー (a) 高温, (b) 低温.

で与えられる．ここで，m はスピンの揃い方を表すことから，秩序変数 (Order parameter) と呼ばれる．図 2.2 は，磁性体の相転移を定性的に理解するためにしばしば用いられるランダウの擬似自由エネルギー (Pseudo free energy) を示す．高温では，$m = 0$ が唯一の安定解であり自発磁化 (Spontaneous magnetization) は生じないが，低温では，$m = \pm m_s$ を生じる．このことは相転移の重要な特徴である．空間反転対称性の破れ (Breaking of spatial inversion symmetry) として理解できる．すなわち，高温ではエントロピーの大きな高対称状態が安定だが，低温では内部エネルギーが小さい低対称状態が安定となる

2.2 臨界指数

"臨界" というのは，相転移点の近傍であることを意味する．この臨界において自由エネルギーの増大が与えられたときに現れる特有の熱力学的な性質は，臨界現象 (Critical phenomena) と呼ばれる．臨界現象は，臨界指数 (Critical exponent) によって特徴づけられる．

式 (2.2) は，$H_{\text{ex}} = 0$ の転移温度近傍で m が小さければ，

$$m = \frac{ZJM}{k_B T} - \frac{1}{3}\left(\frac{ZJM}{k_B T}\right)^3 + \cdots \tag{2.5}$$

と展開でき，

$$m_s \propto |T - T_C|^{1/2} \tag{2.6}$$

とみなすことができる．ただし，$T_C = \frac{zJ}{k_B}$ である．式 (2.5) は，$m = 0$ という解

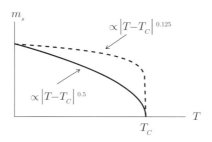

図 2.3 正方格子イジング模型による m_s の温度依存性.

を持つが，低温では，$\pm m_s$ の（図 2.2(b)）ほうが安定な解である．式 (2.6) は，自発磁化の大きさが，転移温度近傍 ($T<T_C$) でどのように変化するのかを表しており，$|T-T_C|$ の肩の指数を臨界指数という．この場合の臨界指数は 1/2 である．一般的に自発磁化 m_s の臨界指数は β で表され，2 次元正方格子のイジングモデルでは，オンサガーとヤン (Onsager-Yang) により $\beta = 1/8$ という厳密解が与えられることがわかっている（図 2.3）.

そのほかの物理量，帯磁率 (Magnetic susceptibility)$\chi = \lim_{H_{ex} \to 0} \frac{M}{H_{ex}}$ や，比熱 (Specific heat)C の臨界指数は，γ，α で表され，それらはスケーリング則 (Scaling theory) と呼ばれる関係によって結ばれる．ここでは，2 次相転移 (2'nd order phase transition) を記述する上で欠かせない相関長の臨界指数 ξ について触れる．2 次相転移では，秩序のない状態から，秩序状態への相転移へ至る際に，まず短距離の局所的な秩序が形成され，それが転移温度で巨視的に広がる．このような短距離秩序 (Short-range order) は，"ゆらぎ" と呼ばれ，クラスターの大きさの目安は相関長 ξ として以下のように表される．

$$\xi \propto |T - T_C|^{-\nu}. \tag{2.7}$$

ここで，ν は相関長の臨界指数として定義された量である．

2.3 動的臨界現象（臨界減速）

これまで述べてきたのは，自発磁化や帯磁率，比熱などの静的な物理量の臨界現象であった．しかし，ダイナミックな現象にも臨界現象は反映される．光誘起相転移のような過渡的な相変化を議論する上で，この動的な臨界現象 (Dynamic

2.3 動的臨界現象（臨界減速）

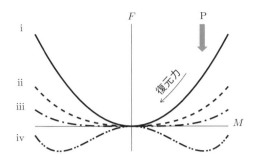

図 2.4 ギンツブルグ-ランダウの自由エネルギー.

critical phenomena) は不可欠な概念である.

図 2.4 に示すようなギンツブルグ - ランダウ理論 (Ginzburg - Landau theory) では，自由エネルギー $F(M)$ は，以下の式 (2.8) で与えられる.

$$F(M) = \frac{1}{2}aM^2 + bM^4 + cM^6 + \cdots - H_0 M \quad (2.8)$$

ただし b>0 とする. M は秩序変数（式 (2.2) の m を一般化したもの）を表す. 図 2.4 の曲線は i→ii→iii の順に a(>0) の値が小さくなり，iii(a=0)，から iv(a<0) で a の符号が変わる．これが相転移に対応する．今，ある温度における $F(M)$, i) の安定点から，外場によって図中の P の位置に状態を変化させたとしよう. このとき P の状態は熱力学的な復元力によって，元の安定点に戻ろうとする. しかし，その復元力は，相転移温度に近づくほど (i→ii→iii) 弱くなり，緩和時間は発散的に増大する．このような秩序変数の緩和は，定性的には以下のようなファンホーブ (Van Hove) 理論によって理解することができる．今，秩序変数 M は，$F(M)$ の傾きに比例した復元力によって変化すると考えると，その時間発展は，θ を係数として，

$$\frac{dM(t)}{dt} = -\theta \frac{dF(M)}{dM} \quad (2.9)$$

という微分方程式で表される．式 (2.8) の 2 次の項までをとると，

$$\frac{dM(t)}{dt} = -2\theta a(T)M(t) \quad (2.10)$$

となる．この微分方程式の解はただちに，

$$M(t) = M(0)\exp\left(\frac{t}{\tau(T)}\right), \quad \tau(T) = \frac{1}{2\theta a(T)} \tag{2.11}$$

と解くことができる．ランダウの理論によれば，

$$a(T) \propto (T - T_C)^\gamma \tag{2.12}$$

であるので，

$$\tau(T) \propto \frac{1}{(T - T_C)^\gamma} \tag{2.13}$$

が導かれる．このような相転移近傍における緩和時間の増大は，臨界減速と呼ばれている．ファンホーブの臨界緩和理論では，式 (2.12) のランダウ理論を介して平衡状態（帯磁率）の臨界指数 γ（2次元イジング模型では，$\gamma = 7/4$）を用いているのが特徴である．この理論は，定性的な理解には有用だが，臨界指数は間違っており，非平衡現象 (nonequilibrium phenomena) では平衡現象とは異なる臨界指数を用いるべきであることがわかっている．一般的には，式 (2.7) で導入した相関長の臨界指数 ν と非平衡系の臨界指数である動的臨界指数 z を用いて，

$$\tau(T) \propto \frac{1}{(T - T_C)^{\nu z}} \tag{2.14}$$

と表される．最近の 2 次元のイジングモデルを用いたモンテカルロシミュレーション (Monte Carlo simulation) によれば，$\nu z = 2.1665$ という値が得られている [25]．第 5 章では，式 (2.14) を用いて，光励起によって生じた過渡的な相が元の相へと戻るときのダイナミクスを議論する．

2.4　不均一性と核生成

　光誘起相転移を理解するために，もう 1 つ必要な熱力学的概念は，不均一性である．外場や温度変化がゆらぎとしてある秩序に与えられたとき，しばしば，不均一構造が重要な役割を演じる．ここでは，式 (2.1) のイジングモデルに戻って，図 2.2(b) の低温相，すなわち，自発磁化が生じている状態に磁場をかけて $-m_s$ の状態から，m_s の状態への相転移が起きるとする．まず，図 2.5(a) のように，低温相（図 2.2(b)）において，弱い磁場を $-m_s$ の磁化が生じる（スピンがそろう）方向（負の方向）にかけておいて，次に磁場の方向を正の方向に反

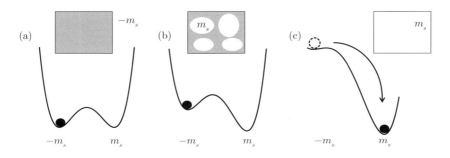

図 2.5 イジング模型の自由エネルギー．(図 2.2(b)) に磁場をかけた場合の模式図．(a) 磁場 0，(b) 磁場小，(c) 磁場大．

転させ，磁場を大きくしていく．すると，図 2.5(b) のように，$-m_s$ の状態は準安定となる．この状態は，温度変化による相転移（例えば水 → 氷）の場合の過冷却に対応するものである．さらに正方向の磁場を大きくすれば，図 2.5(c) のようにバリアは消失し，状態は最安定な m_s へと移行する．磁化が逆方向（正方向）にそろった状態 m_s から始めて，$-m_s$ へ相転移させる場合には，m_s が準安定になる負の磁場領域が存在する．このような，準安定な極小点に状態はある領域は，1 次相転移におけるヒステリシス (Hysteresis) の起源として知られている．

一般に，このような温度や外場によってある相が不安定化し，その秩序が壊れていく様子は，秩序変数に対するランジュバン方程式 (Langevan equation) によって詳細な研究が行われている．コンピュータシミュレーションを用いると，急冷や磁場の反転の直後には，微視的な二相の共存状態が存在するが，時間の経過とともに，それぞれの相は，より巨視的なドメインとして安定化して行く様子が示されている．このようなある準巨視的なドメインの成長は，核生成 (Nucleation) といわれている．核生成に必要な自由エネルギーの変化は，

$$\Delta F = 4\pi\sigma R^2 - \frac{4}{3}F_v R^3 \tag{2.15}$$

と表される．σ は，単位面積あたりの界面エネルギー (Surface energy) の損失，F_v は，体積増加による利得エネルギーである．ΔF は，図 2.6 に示すように，臨界半径 $R_C = \frac{2\sigma}{F_v}$ で最大値 $\Delta F^* = \frac{16\pi\sigma^3}{3F_v}$ をとり，$R > R_C$ で減少する．すなわち，$R < R_C$ のドメインは消滅し，$R > R_C$ のドメインは成長する．つまり，

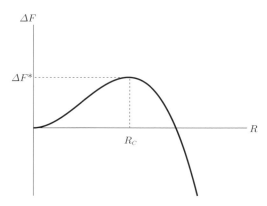

図 2.6 半径 R の核を生成するために必要な自由エネルギーの変化.

小さな核は，不安定であり，消滅するが，ある程度大きな核ができれば後は自然に成長する．

2.5 熱的相転移と光誘起相転移

　光によって導入される自由エネルギーの変化は，定常状態の熱ゆらぎの場合に比べて桁違いに大きく，本来の意味からすれば，もはや"臨界"とは呼べない．光誘起相転移を，熱力学として理解するためには，そうした極端非平衡状態において，相関長や臨界緩和などの概念がどこまで使えるのか（使えないのか）という点をまじめに考える必要がある．

　一般に，臨界現象などの熱力学的な性質は物質の微視的な性質にはよらない，というのが相転移の普遍性 (Universality class) である．一方，光誘起相転移のトリガーとなる可視領域近傍の光による励起は，光キャリアや励起子の生成という微視的な電子状態の変化である．この微視的な変化から，相転移という巨視的な変化がどのように導かれるのかというのが最も本質的な疑問だろう．この問題は，光誘起相転移の臨界現象として第 5 章で議論したい．

第3章 強相関電子系と金属-絶縁体転移

結晶構造を持つ物質が，絶縁体なのか金属なのか（電子状態に電荷ギャップ (Charge gap) があるかないか），という問題は固体の電気的性質として，最も基本的なものであり，古くから研究されてきた．絶縁体は，その成り立ち，つまりギャップの起源から，i) バンド絶縁体 (band insulator) とパイエルス絶縁体 (Peierls insulator)，ii) モットハバード絶縁体 (Mott-Hubbard insulator)/電荷秩序絶縁体 (Charge ordered insulator)，iii) アンダーソン絶縁体 (Anderson insulator) に分類される．バンド絶縁体の電子状態は，構成原子の種類（電子配置）や格子定数によって決まっている．アンダーソン絶縁体においては，不純物などの不規則性によって電荷が局在する．一方，本章で述べるモット絶縁体や電荷秩序絶縁体は，電子間に働くクーロン反発 (Coulomb repulsion) によって形成される絶縁体である．このような強相関絶縁体は，超伝導 (Superconductivity) や強誘電性 (Ferroelectricity)，強磁性 (Ferromagnetism) とも深く関係している．その扱い方にはいくつかあるが，ここでは最も基本的なモデルであるハバードモデル (Hubbard model) について概説する [26–29]．

3.1 ハバードモデル

3.1.1 強束縛近似

本書で扱う有機伝導体（π 電子系，π−Electron system）や遷移金属酸化物（d, f 電子系，d-, f- Electron system）などの強相関電子系では，原子軌道 (Atomic orbital)/分子軌道 (Molecular orbital)（今後まとめて電子軌道と呼ぶ）が格子点（サイト，site）の近傍に局在しており，電子軌道の広がりは原子間や分子間の距離に比べて比較的小さい．このような場合，これらの軌道がわずかでも重

なることによって形成するバンド構造 (Band structure) は，固体を構成する原子（分子）の i 番目のサイトの電子軌道 $\varphi_i = \varphi(\boldsymbol{r} - \boldsymbol{R}_i)$ を用いて

$$\psi_k = \frac{1}{\sqrt{N_L}} \sum_i e^{-i\boldsymbol{k}\cdot\boldsymbol{R}_i} \varphi_i \tag{3.1}$$

と書くことができる．N_L は全サイト数，i はサイトを表す添え字である．
この波動関数に周期的なポテンシャル $v(\boldsymbol{r})$ を含む 1 電子ハミルトニアン

$$H = -\frac{\hbar^2}{2m}\nabla^2 + v(\boldsymbol{r}) \tag{3.2}$$

だけが作用すれば（つまり電子間の相互作用がなければ），この波動関数はすでに固有関数であり，固有値 ε_k は，以下のように求められる．

$$\begin{aligned}\varepsilon_k &= \int \psi_k^* H \psi_k d^3\boldsymbol{r} = \frac{1}{N_L}\sum_{i,j} e^{i\boldsymbol{k}\cdot(\boldsymbol{R}_i-\boldsymbol{R}_j)} \int \varphi_j^*(\boldsymbol{r}-\boldsymbol{R}_j) H \varphi_i(\boldsymbol{r}-\boldsymbol{R}_i) d^3\boldsymbol{r} \\ &\equiv \frac{1}{N_L}\sum_{i,j} e^{i\boldsymbol{k}\cdot(\boldsymbol{R}_i-\boldsymbol{R}_j)} H_{ij}\end{aligned} \tag{3.3}$$

ここで，$i = j$ の項 H_{ii} は，孤立原子の電子軌道の固有エネルギー ε_0 である．一方，最近接サイトの $i \neq j$ 間についてだけ，ホッピング (hopping) があるとすると，H_{ij} = 移動積分 (Transfer integral, t)，$-t < 0$ として，式 (3.4) のようになる．

$$\varepsilon_k = \varepsilon_0 - t\sum_j e^{-\boldsymbol{k}\cdot(\boldsymbol{R}_i - \boldsymbol{R}_j)} \tag{3.4}$$

ただし，j についての和は，i からの最近接サイトについてのみ行う．
1 次元の場合は，a を格子定数として

$$\varepsilon_k = \varepsilon_0 - 2t\cos ka \tag{3.5}$$

となる．ホッピングのエネルギーがゼロでない場合，電子は運動エネルギーの利得を得て，原子間を飛び回ることになる．このようなモデルを強束縛近似 (Tight-binding approximation) と呼ぶ．

3.1.2 多電子波動関数と電子間相互作用

前項では 1 電子のみを考えたが，実際の固体のバンド構造を記述するために

は，多数の電子を考える必要がある．これを扱う一般的な方法は，スレーター行列式 (Slater determinant) と呼ばれる 1 電子波動関数の積である．

例えば 2 電子の場合，波数 k_1 と k_2 の状態について，

$$\Psi_s = \frac{1}{\sqrt{2}} \begin{vmatrix} \varphi_{k_1}(\boldsymbol{r}_1) & \varphi_{k_2}(\boldsymbol{r}_1) \\ \varphi_{k_1}(\boldsymbol{r}_2) & \varphi_{k_2}(\boldsymbol{r}_2) \end{vmatrix} \tag{3.6}$$

と書ける．電子はフェルミ (Fermi) 粒子なので，式 (3.6) は，「$\boldsymbol{r}_1, \boldsymbol{r}_2$ の交換に対して反対称でなければならない」という要請を満たしている．N 個の電子に対しては，以下のように書ける．

$$\Psi_s = \frac{1}{\sqrt{N!}} \begin{vmatrix} \varphi_1(\boldsymbol{r}_1) & \varphi_2(\boldsymbol{r}_1) & \cdots & \varphi_N(\boldsymbol{r}_1) \\ \varphi_1(\boldsymbol{r}_2) & \varphi_2(\boldsymbol{r}_2) & \cdots & \varphi_N(\boldsymbol{r}_2) \\ \vdots & \vdots & \cdots & \vdots \\ \varphi_1(\boldsymbol{r}_N) & \varphi_2(\boldsymbol{r}_N) & & \varphi_N(\boldsymbol{r}_N) \end{vmatrix} \tag{3.7}$$

この反対称操作を考慮した和を，以下のように表すこともできる．

$$\Psi_s = \frac{1}{\sqrt{N!}} \sum_{slater} \varphi_1(\boldsymbol{r}_1) \varphi_2(\boldsymbol{r}_2) \cdots \varphi_N(\boldsymbol{r}_N) \tag{3.8}$$

$\sum_{slater}$ は，N 個の波動関数 $\varphi_i(\boldsymbol{r}_j)(i=1\sim N, j=1\sim N)$ の積を $\boldsymbol{r}_j$ を交換して得られる $N!$ 個の異なる組合せについて，すべて符合を考慮して足すことを意味する．符合は $\boldsymbol{r}_j$ の交換回数が偶数なら正，奇数なら負である．

電子は 2 つのスピン状態（↑と↓）をとることができるから，同じ軌道には，異なるスピンの 2 つの電子が入ることができる．つまり式 (3.8) で表される多電子状態は，同一サイトに電子が 2 つ入っている場合など電子間のクーロン反発によるエネルギーの損失が大きな状態も含んでいる．式 (3.8) で表される多電子状態において，電子は，移動積分 t の効果によってサイト間を動くことができるが，実際には，クーロン反発エネルギーのため自由に動き回れるとは限らない．2 電子間のクーロン反発のエネルギーは，

$$U(r_1 - r_2) = \frac{e^2}{4\pi\varepsilon_0} \frac{1}{|\boldsymbol{r}_1 - \boldsymbol{r}_2|} \tag{3.9}$$

であるが，多電子系では，i,j と j,i は同じだから，二重に数えないように $1/2$

をかけて

$$U = \frac{1}{2}\sum_{i\neq j} \frac{e^2}{4\pi\varepsilon_0} \frac{1}{|\bm{r}_i - \bm{r}_j|} \tag{3.10}$$

と書ける．2体問題の演算子の各項 $U_{ijkl}\ c_i^+ c_j^+ c_k c_l$ の係数は,

$$U_{ijkl} = \frac{1}{2}\sum_{ijkl} \frac{e^2}{4\pi\varepsilon_0} \int\int \frac{\varphi_i^*(\bm{r}_1)\varphi_j^*(\bm{r}_2)\varphi_k(\bm{r}_2)\varphi_l(\bm{r}_1)}{|\bm{r}_1 - \bm{r}_2|} d^3\bm{r}_1 d^3\bm{r}_2 \tag{3.11}$$

である．

3.1.3 第二量子化と占有数演算子

第二量子化 (Second quantization) は，式 (3.8) で表される多電子状態を，より簡略に表すものである．状態 i に電子が1つ占有されている場合，$\Psi_s(0,0,\cdots 0,1,0,\cdots)$ と表すことができるが，ここでは，より簡単に $|i\rangle$ と書くことにする．一方，どの状態も占有されていない真空状態 (Vaccume state)$\Psi_s(0,0,\cdots 0,0,0,\cdots)$ は，$|0\rangle$ と書く．ここで，真空状態から $|i\rangle$ を作る生成演算子 (Creation operator)c_i^+ と，$|i\rangle$ から真空状態を作る消滅演算子 (Annihilation operator)c_i を定義する．すなわち，

$$|i\rangle = c_i^+ |0\rangle, |0\rangle = c_i |i\rangle \tag{3.12}$$

である．また，パウリ原理 (Pauli principle) により1状態には1電子しか入れないこと，真空状態から電子を消滅させることはできないことから

$$c_i^+ |i\rangle = 0, c_i |0\rangle = 0 \tag{3.13}$$

とする．これらの表記を用いると，$i1, i2\ldots\ldots iN$ 状態のみが占有された多電子状態は，

$$c_{i1}^+ c_{i2}^+ \cdots c_{iN}^+ |0\rangle \tag{3.14}$$

と表すことができる．
生成，消滅演算子は，以下の関係を満たす．

$$c_i^+ c_j^+ + c_j^+ c_i^+ = 0 \tag{3.15}$$

$$c_i c_j + c_j c_i = 0 \tag{3.16}$$

$$c_i c_j^+ + c_j^+ c_i = \delta_{ij} \tag{3.17}$$

また，

$$c_i^+ c_i \ket{0} = 0 \ket{0} \tag{3.18}$$

$$c_i^+ c_i \ket{i} = 1 \ket{i} \tag{3.19}$$

であることから，$c_i^+ c_i \equiv n_i$ は，占有数（粒子数）演算子 (Particle number operator) と呼ばれる．

3.1.4 ハバードモデル

移動積分 t によるサイト間の電子のホッピングの効果と，電子間のオンサイトクーロン反発エネルギー (On-site Coulomb repulsion energy)U の効果を考慮したハミルトニアンは，

$$\begin{aligned}\hat{H} &= \varepsilon_0 - t\sum_{i,a}(c_{i+a}^+ c_i + c_i^+ c_{i+a}) + U\sum_i c_{i\uparrow}^+ c_{i\downarrow}^+ c_{i\downarrow} c_{i\uparrow} \\ &= \varepsilon_0 - t\sum_{i,a}(c_{i+a}^+ c_i + c_i^+ c_{i+a}) + U\sum_i n_{i\uparrow} n_{i\downarrow}\end{aligned} \tag{3.20}$$

と表される．第 2 項は，i サイトの電子を消滅させて，隣の $i+a$ サイトに電子を生成する（$i+a$ サイトの電子を消滅させて隣の i サイトに電子を生成する）ことを意味しており，その際，強束縛近似の項で述べたように，（N_L サイト中に電子が 1 個あるとすると）$2|t| \times$ 次元だけエネルギーが下がる．今，各サイトには電子（または正孔）が 1 つずつ存在する状況（$N_L = N$）を考えると，電子が，t の効果で i から $i+a$ サイトに移った場合，$i+a$ サイトには電子が 2 つ入った二重占有 (Double occupancy) 状態になる．式 (3.20) の第 3 項は，その場合のクーロンエネルギーの増加を表している．添え字の ↑↓ は，1 つの電子軌道には，同じスピン状態の電子は入れないことを示している．このようなモデルを，ハバードモデル (Hubbard model) と呼ぶ．

3.2 モット絶縁体と電荷秩序絶縁体

図 3.1(a) のような，各サイトの電子軌道に電子が 1 つずつ入っている 1 次元

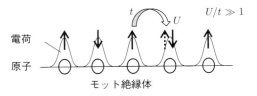

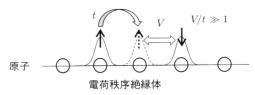

図 3.1 a) モット絶縁体と b) 電荷秩序絶縁体.

電子系 (One-dimensional system) を考えよう．この状態は，すべての軌道の半分が占有されている [1/2（ハーフ）フィリング，Half-filling]，すなわち各サイトの平均電子数が 1 の状態なので，クーロン反発の効果がなければ金属である．前節で述べたように，電子は近接サイトに飛び移ることによって安定化し，そのエネルギーは 1 次元系では，$2t$ で与えられる．しかし，電子が隣のサイトに飛び移ると，電子の二重占有サイトでは，電子間のクーロン反発によるエネルギーの増加 U が生じる．U の効果が大きくなると，もはや電子は運動エネルギーの利得によって安定化することができなくなるだろう．こうして電子が各サイトに 1 個ずつ局在化した状態（式 (3.20) の U の項によって電荷ギャップが開いた状態）が，モットハバード絶縁体 (Mott-Hubbard insulator) もしくはモット絶縁体 (Mott insulator) である．

　モット絶縁体の状態では，電子が隣のサイトに動くためには，U のエネルギーが必要である．このことは，本来ギャップの無い金属的なバンドが，分裂して U 程度のギャップ（モットハバードギャップ，Mott-Hubbard gap）を持つことを意味している．分裂した上側，下側のバンドはそれぞれ，上部ハバードバンド (Upper Hubbard band)，下部ハバードバンド (Lower Hubbard band) と呼ばれる．多くの遷移金属酸化物 (transition metal oxides) では，$3d$ 軌道からなるバンドがクーロン反発の効果で図 3.2(a) のように分裂しており，モットハバー

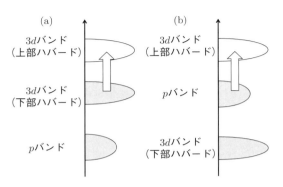

図 3.2 (a) モットハバード絶縁体と，(b) 電荷移動型絶縁体の模式図．

ドギャップが絶縁体状態を特徴づける電荷のギャップとなっている．

今，簡単のため，2サイト，2電子系における t と U を考慮した電子状態を考えよう．移動積分がないときの各サイトの固有エネルギーは，電子の占有状態に依存して $2\varepsilon_0$ と $2\varepsilon_0 + U$ となる．移動積分 t によるサイト間の飛び移りを考慮すると，固有エネルギーを求める永年方程式 (Seqular equation) は，

$$\begin{vmatrix} 2\varepsilon_0 + U - E & 2t \\ 2t & 2\varepsilon_0 - E \end{vmatrix} = 0 \tag{3.21}$$

と書ける．基底状態は，エネルギーの低い方の解として，

$$E = 2\varepsilon_0 + \frac{1}{2}U\left(1 - \sqrt{1 + \left(\frac{4t}{U}\right)^2}\right) \tag{3.22}$$

と計算できる．
ここで，$t > 0$，$U > 0$ に対して，$|t| \gg U$ では，基底状態のエネルギーは，

$$E = \varepsilon_0 + \frac{1}{2}U - 2t \tag{3.23}$$

と近似できる．式 (3.23) は，$U \to 0$ で強束縛モデルに一致する．一方，$|t| \ll U$ の場合は，

$$E = 2\varepsilon_0 - \frac{4t^2}{U} \tag{3.24}$$

となる．この場合には，ホッピングによる二重占有は起こらない．右辺の第2

項は，隣接サイトの反平行スピン（1重項, Singlet）から平行スピン（3重項, Triplet）への励起エネルギーに対応する．

ところで，図 3.2(a) では，遷移金属に隣接して存在する酸素の $2p$ バンドが，下部ハバードバンドよりも低エネルギーに位置している．しかし，図 3.2(b) のように，酸素の $2p$ バンドが，モットハバードギャップの中に存在している場合は，$2p$ バンドと $3d$ 上部ハバードバンド間のギャップが電荷ギャップとなる．(a)(b) いずれの場合も，クーロン反発によるモットハバードギャップが存在することには変わりはないが，電荷ギャップの起源は異なることに注意してほしい．図 3.2(b) のような物質は，モットハバード絶縁体と区別して電荷移動型絶縁体 (Charge transfer insulator) と呼ばれる．電荷移動型絶縁体は，周期律表の右側に位置する遷移金属の化合物で見られることが多い．これは，$3d$ 遷移金属において，$3d$ 軌道は原子番号が増えるに従って小さくなるので，i) オンサイトのクーロン反発は大きくなりハバードギャップが広がる，ii) $3d$ 軌道のエネルギー自体が安定化する，ことなどによる．

次に図 3.1(b) のように，すべての軌道の 1/4 が占有されている状況 [1/4（クォーター）フィリング, Quarter filling] を考えよう．この平均価数 0.5 の場合も，バンドが完全につまっていない（各軌道が閉殻でない）状態である．この系をハバードモデルで考えようとすると，電子が隣のサイトに飛び移っても，二重占有は起きないので，クーロン反発によるエネルギーの増加は生じない．そこで，オンサイトクーロン反発以外に，異なるサイト間の長距離クーロン反発 (Inter-site Coulomb repulsion)V を考慮に入れた以下のような拡張ハバードモデル (Extended Hubbard model) も考えられた．

$$H_{\text{EH}} = -\sum_{ij} t_{ij}\left(c_i^+ c_j + c_j^+ c_i\right) + \sum_i U_i n_{i\uparrow} n_{i\downarrow} + \sum_{ij} V_{ij} n_i n_j \tag{3.25}$$

1/4 フィリングでは，V の効果が大きい場合，電荷秩序とよばれる絶縁体状態が生じることがある．この電荷秩序絶縁体 (Charge ordered insulator) は，サイト間の電子に働くクーロン反発エネルギーによって，異なる価数のサイト（イオン，分子）が周期的に配列した状態である．モット絶縁体や電荷秩序絶縁体およびその周辺物質では，超伝導，強誘電性，強磁性などの多彩な物性が観測されており，その関連性が議論されている．

モット絶縁体（または，電荷移動型絶縁体）の例としては，高温超伝導体 (High-temperature superconductors) の母体物質である，2次元銅酸化物 La_2CuO_4 と

Nd$_2$CuO$_4$（いずれも電荷移動型絶縁体）が有名であるが，そのほかにも数多くの遷移金属酸化物 LaMO$_3$（M；遷移金属），RNiO$_3$（R；Y（イットリウム）または希土類イオン）などが知られている．LaMO$_3$ の中で，LaVO$_3$ と LaTiO$_3$ はモットハバード絶縁体，そのほかは，電荷移動型絶縁体である．一部の金属錯体や分子性結晶でもモット絶縁体，電荷移動型絶縁体は見つかっている．また，電荷秩序としては，マグネタイト (Magnetite, Fe$_3$O$_4$) におけるフェルベー (Verway) 転移や，巨大磁気抵抗効果 (Giant magnetoresistance effect) を示す，価数制御されたマンガン酸化物 (Manganese oxides) の例がよく知られている．

3.3 電荷秩序と電子強誘電性

本書では，電荷秩序物質を主な対象として取り上げるので，もう少し詳しく説明しておこう．前節では，ハバードモデルの拡張として，1/4 フィリングの電荷秩序が記述できることを述べた．しかし，この現象はそもそも，電子の結晶であるウィグナー結晶 (Wigner lattice) として，ハバードモデルによるモット転移の理解よりも古くから提案されていたものであった [29,30]．すなわち，絶対零度における自由電子気体は格子の場がなくても結晶化する．このことは，一様な正電荷と自由電子で固体を記述するジェリウムモデル (Jellium model)[1] でも説明できる．単位体積あたり n 個の電子を考え，各電子が $\frac{1}{n}$ の体積に局在させると，ハイゼンベルグの不確定性 (Heisenberg uncertainty principle) から，1 電子あたり $\sim \frac{\hbar^2 n^{2/3}}{m}$ の運動エネルギーの損失が生じるが，均一な正電荷と局在した電子のクーロン相互作用によって $\sim e^2 n^{\frac{1}{3}}$ の利得エネルギーを得る[2]．

その結果，低濃度では電荷が局在する．こうした状況が，最も明確に確認されているのは，液体ヘリウム表面上の 2 次元電子系である [31]．一方，固体におけるウィグナー結晶の場合，サイトの位置に無関係に電子が結晶化するわけではない．例えば，マグネタイトにおける鉄イオンの価数は室温では 2.5 だが，119 K 以下の低温で，2 価と 3 価の鉄イオンが交互に並んだ電荷秩序状態へと

---

[1] 単位体積あたり n 個の電子が，一様な正の電荷の "ジェル" の中にあって，全体の中性が保たれているようなモデル．

[2] 各電子が，$\frac{1}{n}$ の体積に閉じ込められた際，位置と運動量の間に成り立つ不確定性から，電子は，必然的に $p \sim \hbar n^{1/3}$ の運動量を持つことになる．このとき，電子の運動エネルギーは $p^2/m \sim \hbar^2 n^{2/3}/m$ 程度となる．

移行する．このフェルベー転移と呼ばれる鉄イオンの混合原子価状態の形成は，固体における電荷秩序の最もよく知られた例であり [32-34]，その後，マンガン酸化物 [35] や第 5 章で述べる低次元有機伝導体 [36] でも観測されている．

フェルベー転移の例からもわかるように電荷秩序は歴史ある研究テーマである一方，高温超伝導 [37] や強誘電性などとの関係が今なお議論されている新しい問題でもある．ここでは，一般に知られている変位型 (Displacive type)，秩序-無秩序型 (Order-disorder type) に次ぐ，"第 3 の" 強誘電体として期待される電子強誘電体 (Electronic ferrelectricity) と電荷秩序の関係 [38] について簡単に紹介する．

図 3.3(a) は，平均価数が +0.5, (3/4 フィリング) の 1 次元格子を模式的に示したものである．強い電子相関によってしばしば電荷は局在する．サイトが等間隔に並んでいる図 3.3(b) では，電荷が 1 サイトおきに整列した電荷秩序状態が安定化する．では，図 3.3(c) のように，二量体（ダイマー）格子上に電荷秩序が起きた場合はどうだろう．×印は，サイトに対する反転対称中心を示すが，電荷の局在によって図の×印の位置にあった反転対称中心が消失し，その結果として図の矢印に示すような電気双極子 (electric dipole) が生じる．双極子は，図 3.3(b) のようなダイマー構造を持たない均一な格子における電荷秩序では現れないことに注意してほしい．電荷秩序による反転対称性の消失が，長距離秩序を形成すると強誘電性の起源となる．このような強誘電体は電子強誘電体と呼ばれている．大きな格子変位を伴わない強誘電転移が可能なことから，外場

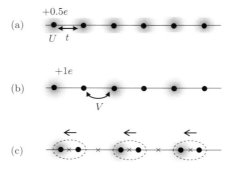

図 3.3　(a) 1/4 フィリング（平均価数 0.5）の 1 次元金属状態の模式図．(b) 電荷秩序状態．(c) ダイマー格子における電荷秩序（ダイマー内で電荷が偏った）状態．

による高い制御性が期待されている.

3.4 価数制御とバンド幅制御

　モット絶縁体も電荷秩序も，クーロン反発によるエネルギーの増加 U や V が，電子の運動エネルギーの減少 t を上回ることによって起きる電荷の局在化である．いずれの場合も，電子の個数がサイト数の整数分の一（モット絶縁体；価電子数＝サイト数，電荷秩序；価電子数＝サイト数の 1/2）のときに，静電的なバランスによって起こる現象と考えることができる．運動エネルギーとクーロン反発エネルギーが拮抗している場合，温度変化によってモット絶縁体/電荷秩序-金属転移が起きる．これは，第 2 章で述べたように，自由エネルギー F が $F = E - TS$（E；内部エネルギー，S；エントロピー）で与えられ，低温では E の効果で電荷は局在（秩序化）するのに対し，高温では S の項の増大により非局在化するからである．しかし，より直接的かつ広範に金属-絶縁体転移を起こす方法としては，a) 元素置換による価数制御 (Filling control) と b) 圧力印加によるバンド幅制御 (Bandwidth control) が知られている.

a) 価数制御

　1/2 フィリング，1/4 フィリングはマジックナンバーであり，占有数をこれらの値からずらすことによって，局在化した電荷は再び動けるようになる．最も有名な例である 2 次元銅酸化物 La_2CuO_4（図 3.4(a)）を考えよう [35]．この物質は，電荷移動型絶縁体であるが，希土類イオン (Rare-earth ions) である La^{3+} を価数の異なるアルカリ土類イオン (Alkaline earth ions)Sr^{2+} に置換することによって，2 次元的な CuO 面にキャリア（正孔,hole）をドーピングすることができる．この操作は，バンドの占有度合い（フィリング）を変えるという意味で，フィリング制御と呼ばれている．$La_{2-x}Sr_xCuO_4$ において，x を増し正孔濃度を増加させていくと，20 個に 1 個程度置き換えたあたり，すなわち 5%程度のキャリアドーピングによって金属への転移が起こる．また，この物質は，絶縁体 - 金属転移近傍で高温超伝導状態を示すことも知られている．絶縁体-金属転移の近傍では，図 3.4(b) に示すように，光学伝導度スペクトルは，可視域（約 2 eV）に電荷移動遷移による大きなピークを持った絶縁体特有の形状から，

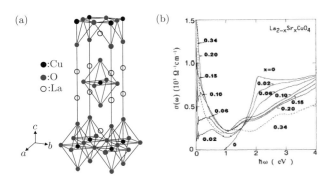

図 3.4　2 次元銅酸化物 La_2CuO_4 の結晶構造 (a) と，$La_{2-x}Sr_xCuO_4$ の反射スペクトル (b) （文献 [39] より引用）.

x の増加に伴って，スペクトル強度は中赤外域へと移動し，ギャップが閉じていく様子が捉えられている [39]. このように，赤外から可視までの非常に広いエネルギー領域にわたってスペクトルの変化が生じることが，強相関電子系物質における絶縁体‐金属転移の特徴である [35].

b) バンド幅制御

圧力の印加は，波動関数の重なりを介して，移動積分を大きく変化させる．すなわち t と U, V のバランスを直接変えることができる．遷移金属酸化物でも広範な研究が行われているが，結晶格子がよりソフトな有機物質では，酸化物に比べてはるかに弱い圧力で物性の変化が現れる．ここでは，よく知られた例として [bis(ethylenedithio)]-tetrathiafulvalene（BEDT-TTF 以下 ET と略す）分子の錯体である κ 型 $(ET)_2X$（X は，アクセプター分子）の圧力による絶縁体-金属転移について紹介する．この物質系は，次節でより詳しく述べるように，代表的な 1/4 フィリング（各分子の平均価数が +0.5）の 2 次元有機伝導体の 1 つであるが，κ 型 $(ET)_2X$ の特徴は，図 3.5(a) の点線で示すような二量体 (Dimer) を 1 サイトとみなせることである [40]. この二量体は，疑似的な 1/2 フィリング（各サイトに電荷が 1 個）の三角格子 (triangular lattice) を形成する．図 3.5(b) は，圧力に対する相図 (Phase diagram) である．横軸は，外部圧力とともに物質名が記してある．これらの物質名はそれぞれ d-Cl[κ-(d-ET)Cu[N(CN)$_2$]Cl], h-Cl[κ-(ET)Cu[N(CN)$_2$]Cl], d-Br[κ-(d-ET)Cu[N(CN)$_2$]Br], h-Br[κ-(ET)Cu[N(CN)$_2$]Br] を表し，d-は ET 分

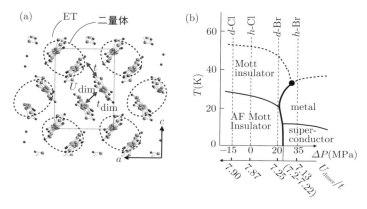

図 3.5 κ 型 ET 塩の (a) 2 次元分子配列と (b) 相図

子のエチレン基末端を重水素置換 (Deuteration) していることを示す (h-は通常の水素). これらの物質では, 対応する圧力を化学的に, すなわち物質の組成を変えることによって印加している. 低温では, 圧力の増加とともに, モット [反強磁性 (AF)] 絶縁体-金属（超伝導）転移（相図の太線）が起こる [40]. このような相転移は, ダイマー間の移動積分の増加によって起きることから, バンド幅制御と呼ばれている. 相図のパターンが, 銅酸化物で見られた, 占有数に対する相図と似ていることにも注意してほしい.

3.5　3/4 フィリング有機伝導体 (ET)$_2$X

前節で触れた 2 次元の ET 分子の錯体は, 1980 年代に有機物超伝導体として開発された有機分子結晶の 1 つである [41]. (ET)$_2$X 錯体は, 図 3.6 のようにドナー (D) である ET 分子のシート（伝導シート）が, X 分子からなるアクセプター (A) のシート（絶縁シート）によって隔てられた層状構造を有している. このような 2 次元電荷移動錯体の特徴は, ドナーシートの分子配列に多彩なバリエーションが存在し, それらを自由自在に作り分けられることである. この多様性により, ほとんど, あるいは完全に同一な化学組成を持つ物質から異なる現象, 異なる電子相を得ることができる. 前節ですでに紹介した κ 型の (ET)$_2$X ものその中の 1 種類である.

α-(ET)$_2$I$_3$, θ-(ET)$_2$RbZn(SCN)$_4$, κ-(d-ET)$_2$Cu[N(CN)$_2$]Br におけるドナーシートの分子配列を図 3.7(a)-(c) に示す. D$_2$A 型 (2:1 組成) の電荷移動錯体においては, D 分子 (平均価数 = +0.5/分子) の占有数は, 電子描像で 3/4 フィリング, 正孔描像では 1/4 フィリングである. これらの物質では, 低温で, 電荷がストライプパターン状に局在した電荷秩序絶縁体が形成される (T_{co} =190 K (θ-(ET)$_2$RbZn(SCN)$_4$), 135 K (α-(ET)$_2$I$_3$)). 3.2 節ですでに述べたように, 電荷秩序は, 基本的に長距離クーロン斥力による電荷の結晶 (ウィグナー結晶) 化だが, 固体では, 多かれ少なかれ格子変形による安定化が伴う. θ-(ET)$_2$RbZn(SCN)$_4$ の金属-絶縁体転移では, 近接分子間の二面角 (Dihedral angle) の変化によって, 図 3.7(a) に示すような対称性の低下が観測される [42]. それに対し, 図 3.7(b) に示す α-(ET)$_2$I$_3$ の場合は, 電荷秩序に伴う大きな結晶構造の変化はない [43]. ちなみに, α-(ET)$_2$I$_3$ ではもともとの格子の対称性が低いために, 電荷秩序状態では電荷分布の中心対称性が破れ, 電子強誘電性を示すことが知られている [44].

一方, κ-(d-ET)$_2$Cu[N(CN)$_2$]Br は, 二量体が三角格子を組んだ疑似的な 1/2 フィリング系と考えることができる. この物質では, 二量体格子の有効オンサイトクーロン反発エネルギー U_{dimer} の効果がダイマー間の移動積分 t による運動エネルギーの利得より十分に大きければ, 電荷は二量体上に局在する. この状態はダイマーモット絶縁体 (Dimer Mott insulator) と呼ばれる. 前節で述べた κ-(ET)$_2$X のモット絶縁体は, この状態のことである. ここで, U_{dimer} を, 1

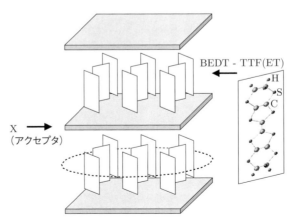

図 **3.6** 2 次元 (ET)2X 錯体の結晶構造の模式図.

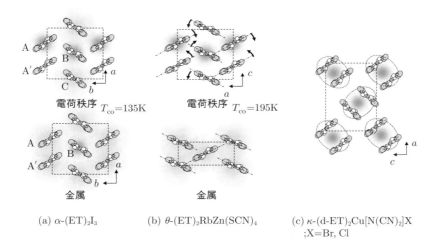

図 3.7 代表的な (ET)$_2$X 錯体における 2 次元分子配列 (a) α-(ET)$_2$I$_3$, (b) θ-(ET)$_2$RbZn(SCN)$_4$, (c) κ-(d-ET)$_2$Cu[N(CN)$_2$]Br.

つの二量体サイトに電荷が二重占有された場合と 2 つの二量体に 1 つずつ占有された場合の差として求めてみよう．図 3.8(a) では，各二量体サイトを正孔が 1 つ（電子が 3 つ）占有している．今，二量体サイト間の t によって正孔が隣の二量体サイトに移動したとする．このとき，ET 分子の U が二量体内の移動積分 t_{dimer} よりも十分大きい ($U \gg t_{\mathrm{dimer}}$) と仮定すると，2 つの正孔は，二量体の反結合軌道には入ることができず，図 3.8(b) のように，孤立軌道を 1 つずつ占有する．このときの二重占有のエネルギー $6\varepsilon_0$（図 3.8(b)）と一重占有のエネルギー $2(3\varepsilon_0 - t_{\mathrm{dimer}})$（図 3.8(a)）の差 U_{dimer} は $2t_{\mathrm{dimer}}$ となる [45]．

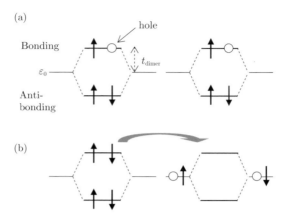

図 3.8 ダイマーモット絶縁体の電子状態
(a) 各二量体に 1 つの正孔,(b) 右側の二量体に正孔が二重占有されている [45].

第4章 光励起状態

本章では，一般的な連続空間における電子の光励起（4.1 節）や励起子（4.2 節）について述べ，その後，強相関電子系における光励起状態の記述の仕方として第 3 章で述べた，強束縛モデル（4.3 節）やハバードモデルの光励起（4.4 節）について基本的な方法を概説する [46–49]．

4.1　電子を光励起する

本節では，物質の光励起状態の性質について概説する．電場 E と磁場 B の下での電子（質量 m，運動量 p）の運動は，運動方程式

$$m\frac{d^2 \bm{r}}{dt^2} = -e\left[\bm{E} + \frac{\bm{p}}{m} \times \bm{B}\right] \tag{4.1}$$

で表される．より一般的には，p を $(-i\hbar\nabla)$ で置き換え，ベクトルポテンシャル (Vector potential) $\bm{A}$ とスカラーポテンシャル (Scalar potential) ϕ を用いたシュレーディンガー方程式 (Schrödinger equation) として，

$$i\hbar \frac{\partial \varphi}{\partial t} = \left[\frac{1}{2m}(-i\hbar\nabla + e\bm{A})^2 + v - e\phi\right]\varphi \tag{4.2}$$

と表せる．v は電子に対する物質系のポテンシャルである．式 (4.2) は，電磁場がない場合の運動量 $-i\hbar\nabla$ を $-i\hbar\nabla + e\bm{A}$ で置き換えることによって電磁場の影響を表している．電磁場がそれほど強くないとき，電磁場と電子の相互作用を表す支配的な項は，右辺の中で $\frac{i\hbar e}{2m}(\bm{A}\cdot\nabla + \nabla\cdot\bm{A})$ であるので，$\bm{A}$ を，演算子 a_k, a_k^+ を用いて

$$\bm{A} = \sum_k \sqrt{\frac{\hbar}{2\varepsilon_0 V \omega_k}}[a_k(t)e^{i\bm{k}\cdot\bm{r}} + a_k^+(t)e^{-i\bm{k}\cdot\bm{r}}]\bm{e}_k \tag{4.3}$$

と表し，さらに $\nabla \cdot \boldsymbol{A} = 0$ となるように $\boldsymbol{A}$ と ϕ を決めると，相互作用のハミルトニアンは，

$$H' = \frac{i\hbar e}{m} \int \varphi_{fin} (\boldsymbol{A} \cdot \boldsymbol{\nabla}) \varphi_{ini} d^3\boldsymbol{r} = \frac{i\hbar e}{m} \int \varphi_{fin} \left[\sum_j e^{i\boldsymbol{k} \cdot \boldsymbol{r}_j} \boldsymbol{e}_k \cdot \boldsymbol{\nabla}_j \right] \varphi_{ini} d^3\boldsymbol{r} \tag{4.4}$$

と書ける．ただし，a_k, a_k^+ は，量子化された電磁波の位置 q_k と運動量 p_k によって

$$a_k = \frac{1}{\sqrt{2\hbar\omega_k}} (\omega_k q_k + ip_k), a_k^+ = \frac{1}{\sqrt{2\hbar\omega_k}} (\omega_k q_k - ip_k) \tag{4.5}$$

と定義された生成，消滅演算子である．今，無摂動のハミルトニアンに対する2つの固有状態（$\varphi_{ini}, \varphi_{fin}$）間の遷移確率 (Transition probability) は，フェルミの黄金律 (Fermi's golden rule) によって

$$W_{int} = \frac{2\pi}{\hbar} \left| \langle \varphi_{fin}^* | H' | \varphi_{ini} \rangle \right|^2 \delta (\omega_{fin} - \omega_{ini}) \tag{4.6}$$

と書けることを用いると，遷移の確率は，

$$W_{int} = \frac{\pi \hbar^2 e^2 n_k}{m^2 \varepsilon_0 V \omega_k} \left| \int \varphi_{fin} \left[\sum_j e^{i\boldsymbol{k} \cdot \boldsymbol{r}_j} \boldsymbol{e}_k \cdot \boldsymbol{\nabla}_j \right] \varphi_{ini} d^3\boldsymbol{r} \right|^2 \delta (\omega_{fin} - \omega_{ini}) \tag{4.7}$$

となる．ただし n_k は遷移にかかわる光子の個数を表す．光強度は $I_k = \frac{n_k \hbar \omega_k c}{V}$ で表されるから，

$$W_{int} = \frac{\pi \hbar e^2 I_k}{m^2 \varepsilon_0 \omega_k^2 c} \left| \int \varphi_{fin} \left[\sum_j e^{i\boldsymbol{k} \cdot \boldsymbol{r}_j} \boldsymbol{e}_k \cdot \boldsymbol{\nabla}_j \right] \varphi_{ini} d^3\boldsymbol{r} \right|^2 \delta (\omega_{fin} - \omega_{ini}) \tag{4.8}$$

ここで，$e^{i\boldsymbol{k} \cdot \boldsymbol{r}} = 1 + i\boldsymbol{k} \cdot \boldsymbol{r} + \frac{1}{2} (i\boldsymbol{k} \cdot \boldsymbol{r})^2 + ...$ と展開したとき，励起状態の広がりが，$10^{-10} - 10^{-9}$ m 程度とすると，これは光の波長に比べて2～3桁程度小さいことを考慮すれば，$i\boldsymbol{k} \cdot \boldsymbol{r} \sim 10^{-2} \sim 10^{-3}$ となるので $e^{i\boldsymbol{k} \cdot \boldsymbol{r}} \sim 1$ とみなすことができる．この取り扱いは電気双極子近似と呼ばれる．また，電磁場の無いときのハミルトニアン $H_0 = -\frac{\hbar^2}{2m} \nabla^2 + v$ と位置演算子 r の交換関係

$$[\boldsymbol{r}, H_0] = \frac{\hbar^2}{m} \nabla \tag{4.9}$$

を用いると，H_0 の固有関数である $\varphi_{fin}, \varphi_{ini}$ に対して，

$$\langle \varphi_{fin} | \frac{\hbar^2}{m} \nabla | \varphi_{ini} \rangle = (E_{fin} - E_{ini}) \langle \varphi_{fin} | \boldsymbol{r} | \varphi_{ini} \rangle \tag{4.10}$$

が成り立つ．したがって，

$$W_{int} = \frac{\pi e^2 I_k}{m \varepsilon_0 \omega_k c} \left| \int \varphi_{fin} \left(\sum_j \boldsymbol{e_k} \cdot \boldsymbol{r_j} \right) \varphi_{ini} d^3 \boldsymbol{r} \right|^2 \delta(\omega_{fin} - \omega_{ini}) \tag{4.11}$$

となり，遷移確率は，電気双極子遷移 (Electric dipole transition) のハミルトニアン $\sum_j \boldsymbol{e_k} \cdot \boldsymbol{r_j}$ に対する遷移行列要素の二乗によって与えられることがわかる．式 (4.11) が教える重要な事実は，積分の中身が $\boldsymbol{r}$ の 1 次の関数であるために，光励起が，異なるパリティ (parity) の状態間でしか起きないということである．例えば，水素原子の $1s$ 状態と $2p$ 状態はパリティが異なるので光遷移が可能（許容）であるが，$1s$ から $2s$ の遷移は禁制となる．

4.2　固体の励起状態；励起子と自由電子正孔対

　固体中の光励起状態を考えるためには，式 (4.11) の φ_{fin} と φ_{ini} として，多電子の波動関数を用いる必要がある．計算の詳細は教科書 [50] などを参照されたいが，光励起によってできた双極子が，図 4.1(a) のように s 軌道と p 軌道からなる 2 準位系を伝播していくというモデルで光励起状態を説明することができる．今，電子がサイト間をホッピングするための相互作用がそれほど強くないとすれば，図 4.1(a) に示すように，あるサイト (n) に双極子 (dipole) ができ，その励起双極子のエネルギーが $\boldsymbol{R}_{nm}(= \boldsymbol{R}_n - \boldsymbol{R}_m)$ 離れたサイト (m) との間の双極子間相互作用 (Dipole-dipole interaction)

$$H_{nm} \approx \frac{\boldsymbol{\mu}^2}{\boldsymbol{R}_{nm}^3} - \frac{3(\boldsymbol{\mu} \cdot \boldsymbol{R}_{nm})^2}{\boldsymbol{R}_{nm}^5} \tag{4.12}$$

を介して，ほかの原子へと伝わっていくと考えることができる．このような結晶中を伝搬する電子励起エネルギーの量子を励起子という．励起子は，上記のように固体の中で，原子内の局所的な励起が原子間相互作用を介して伝搬していくフレンケル (Frenkel) 型励起子と，励起自体が，より広い領域に広がった

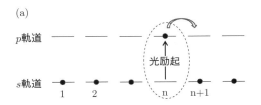

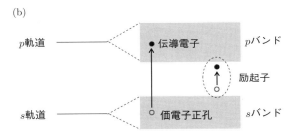

図 4.1 励起子の電子状態 (a) フレンケル型, (b) モット-ワニエ型.

モット-ワニエ (Mott-Wannier) 型励起子に区別される. フレンケル励起子の波動関数とエネルギーは, 以下のように表すことができる.

$$\Psi_K^{(e)} = \frac{1}{\sqrt{N}} \sum_n \exp(i\bm{K} \cdot \bm{R}_n) \Phi_n \quad (4.13)$$

$$E_K = \varepsilon + \sum_{n(\neq 0)} H_{nm} \exp(-i\bm{K} \cdot \bm{R}_n) \quad (4.14)$$

この式は, 強束縛近似における電子の波動関数, 式 (3.1) と同じ形をしているが, Φ_n は電子の局在波動関数ではなくて, n サイトの局所励起を表す波動関数である. 一方, モット-ワニエ型の励起子は, 原子間の相互作用がより強い場合に, 二準位系の励起が, あるサイト (m) の状態 1 から別のサイト (n) の状態 2 への遷移を考慮することによって記述できる. この場合は, 図 4.1(b) に示すように, s 軌道からなるバンド (s バンド) に電子の抜け穴として正の電荷を持った正孔が 1 つでき, p バンドに電子が 1 つできることになる. これらの正孔と電子は, 十分な運動エネルギーを持っていれば, それぞれ, s バンド, p バンド内を, つまり各軌道間を自由に渡り歩くことができる. ただし, 座標 $\bm{r}_e$ と $\bm{r}_h$ にいる電子と正孔の間には, クーロンポテンシャル

$$v_q(\boldsymbol{r}_e - \boldsymbol{r}_h) = \frac{-e^2}{\varepsilon |\boldsymbol{r}_e - \boldsymbol{r}_h|} \tag{4.15}$$

が働く．電子や正孔の運動の仕方を決める移動積分の効果を，質量として繰り込んだ有効質量近似 (Effective-mass approximation) と呼ばれる近似を用いると，並進対称性 (Translation symmetry) を持つ結晶中での有効質量 m_e と m_h の電子と正孔の運動は，（水素原子の場合と同様に）波数 K を持つ重心運動 (Center of mass motion) と相対運動 (Relative motion) に分離できる．

ε は結晶の誘電率 (Dielectric constant または，Permittivity) である．電子と正孔の相対運動の量子数を，λ と書くと，

$$E_{\lambda K} = \varepsilon_g + \frac{\hbar^2 K^2}{2M} + E_\lambda \tag{4.16}$$

と表すことができる．相対運動のエネルギー E_λ は，離散的な束縛状態

$$E_n = -\frac{R}{n^2} \tag{4.17}$$

を持つが，R 以上のエネルギーを与えると，イオン化して自由な電子と正孔（キャリア）として運動できる．この場合は連続的なエネルギー

$$E_k = \frac{\hbar^2 k^2}{2\mu} \tag{4.18}$$

を持つ．$M \equiv m_e + m_h, \mu^{-1} \equiv m_e^{-1} + m_h^{-1}$ はそれぞれ，電子正孔対の重心質量と，換算質量である．ただし，前節で述べたように，電気双極子近似は，光励起状態の広がりが，光の波長に比べて十分に小さい場合に成り立つ近似であるので，イオン化した自由な電子・正孔対において，あまりにも電子と正孔が離れている場合に関してはこの記述は成り立たない．

フレンケル型やワニエ型励起子は，2 つの異なった極限的状況である．実際の物質で観測される励起子は，この 2 つの極限の間のどこかにある．本書で対象とする有機伝導体の励起状態は，電荷移動 (Charge transfer, CT) 励起子と呼ばれ，フレンケル型に近いが，同じサイトの s 軌道から p への励起ではなく，隣のサイトへの励起として記述される．

4.3　強束縛モデルにおける光励起状態；パイエルスの位相

4.1，4.2 節では電気双極子近似の下での励起子や光キャリアについて述べて

きたが，本章では，前章で述べたような，ハバードモデルで記述される強相関電子系を扱う必要がある．本節では，まずその準備として，強束縛模型における光励起状態の取り扱いについて述べる [46, 51]．

サイト i に局在した状態（ワニエ状態，Wannier state）は，ブロッホ関数 (Bloch function)$\varphi_k(\bm{r})$ を用いて

$$\phi_i(\bm{r}) = \frac{1}{\sqrt{N}} \sum_k e^{-i\bm{k}\cdot\bm{R}_i} \varphi_k(\bm{r}-\bm{R}_i) \tag{4.19}$$

と表される．ハミルトニアン H_0 に対して，$H_0|\varphi_k\rangle = E_k$ とすると，ワニエ状態間の電子のホッピングのエネルギー（移動積分）は，

$$t_{i,j} = \int \phi_i^* H \phi_j d^3\bm{r} \tag{4.20}$$

と書ける．このときベクトルポテンシャル $\bm{A}$ の効果を取り入れたワニエ局在関数は，

$$\phi_i'(\bm{r}) = e^{-i\frac{e}{\hbar c}\bm{A}\cdot\bm{R}_i} \phi_i(\bm{r}-\bm{R}_i) \tag{4.21}$$

と書ける．すると，このときの移動積分は，

$$\begin{aligned}t_{i,j}' &= \int \phi_i^*(\bm{r}-\bm{R}_i) H \phi_j(\bm{r}-\bm{R}_j) d^3\bm{r} = \int e^{i\frac{e}{\hbar c}\bm{A}\cdot(\bm{R}_i-\bm{R}_j)} \phi_i^*(\bm{r}-\bm{R}_i) H \phi_j(\bm{r}-\bm{R}_j) d^3\bm{r} \\ &= e^{i\frac{e}{\hbar c}\bm{A}\cdot(\bm{R}_i-\bm{R}_j)} t_{i,j}\end{aligned} \tag{4.22}$$

となり形式的には，$t_{i,j} \to t_{i,j} e^{i\frac{e}{\hbar c}\bm{A}\cdot(\bm{R}_i-\bm{R}_j)}$ という置き換えをしたことになる．このような電磁場による移動積分の位相の変化は「パイエルスの位相 (Peierls phase)」と呼ばれている．この位相の変化は，$\bm{A}$ の振幅が小さい場合には，次節で述べるように摂動論的な取り扱いができるが，振幅が大きい場合，長時間での平均的な t を減少させる（第 8 章参照）[1]．

4.4　強相関電子系の光励起状態

第 3 章で述べたように，第二量子化したハバードモデルのハミルトニアンは，

---

[1] "長時間"は，電場の振動周期と同程度（以上）の時間領域，という意味である．

4.4 強相関電子系の光励起状態

移動積分 $t_{i,j}$ とクーロン反発エネルギー U_i を用いて,

$$H_{\mathrm{H}} = -\sum_{ij}\left(t_{ij}c_i^+ c_j + t_{ji}c_j^+ c_i\right) + \sum_i U_i n_{i\uparrow} n_{i\downarrow} \tag{4.23}$$

と書くことができる. c_i^+, c_i は i サイトの電子の生成, 消滅演算子であり, $n_{i\uparrow} = c_{i\uparrow}^+ c_{i\uparrow}, n_{i\downarrow} = c_{i\downarrow}^+ c_{i\downarrow}$ は, i サイトの電子数密度を表す. 第1項は, i サイトから j サイトへの電子の移動による運動エネルギーを表し, 第2項は, 電子が飛び移ったときのクーロン反発エネルギーを意味している. 前節で求めたパイエルスの位相を用いて, ハバードモデルの光励起状態は, 以下のように表すことができる.

$$H_H = -\sum_{ij}\left[t_{ij}c_i^+ c_j e^{i\frac{e}{\hbar c}\bm{A}\cdot(\bm{R}_i-\bm{R}_j)} + t_{ji}c_j^+ c_i e^{-i\frac{e}{\hbar c}\bm{A}\cdot(\bm{R}_i-\bm{R}_j)}\right] + \sum_i U_i n_{i\uparrow}n_{i\downarrow} \tag{4.24}$$

ここで, クーロン反発の項には, 電磁場の効果は直接作用していないことに注意してほしい. なぜなら, $c_i^+ c_j, c_j^+ c_i$ などの項は, 電子の生成と消滅が異なるサイトで起こることを示しているので, 前節式 (4.22) のような積分においてパイエルス位相 $e^{i\frac{e}{\hbar c}\bm{A}\cdot(\bm{R}_i-\bm{R}_j)}$ が残るが, $n_{i\uparrow} = c_{i\uparrow}^+ c_{i\uparrow}, n_{i\downarrow} = c_{i\downarrow}^+ c_{i\downarrow}$ のように, 同じサイトの演算子の積を含む積分では, パイエルス位相は消えてしまうからである [2]).

光の強度がそれほど強くない場合, 式 (4.24) を展開して第1項のみをとり, さらに $t_{ij} = t_{ji}$ ならば,

$$H''(t) = -i\bm{A}\cdot(\bm{R}_i - \bm{R}_j)\sum_{ij} t_{ij}\left(c_i^+ c_j - c_j^+ c_i\right) \tag{4.25}$$

と近似できる. この場合は, 時間に関する摂動論によって, 1/2 フィリングにおいては, 無電場のハバードハミルトニアンの固有状態として得られる下部ハバードバンドと上部ハバードバンド間の遷移として記述できる. これらのハバードモデルにおける光励起状態は, 半導体の価電子正孔と伝導電子に対応するものであるが, 不対電子の多体効果によってできたハバードバンドは, 半導体のバンド構造とは本質的な違いがある. ここではその中で最近最も注目されているス

---

[2]) 極端に強い外場の下では, 粒子間の相互作用も変調を受ける.

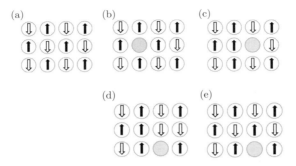

図 4.2　2 次元格子における電荷とスピン励起の伝播を表す模式図.

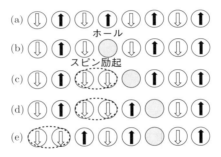

図 4.3　1 次元格子における電荷とスピン励起の伝播を表す模式図.

ピン自由度の影響を考慮して，光キャリアのダイナミクスついて述べる [52].

図 4.2(a) に 2 次元のモット絶縁体における電子（電荷，スピン）の配置を模式的に表した．(a) の状態では，各サイト 1 個（ハーフフィリング）の電子が，反強磁性的なスピンの秩序により配列している．U が大きいとき，隣接サイトのスピン間に働く交換相互作用エネルギーは $-J\sum_{ij} S_i \cdot S_j$ と書ける．この状況で，光励起によって図 4.2(b) のように，電子を 1 個引き抜いてみる（光励起した場合には，同時に二重占有サイトも生成するが，スピンのない電荷という意味では同じなので省略する）．この抜け穴（ホール）は，(c) や (d) のように移動することによって，次々に反強磁性秩序を強磁性的に並べ替えていく．最終的には隣接サイトのスピン間に働く交換相互作用 J を用いてスピン配置は元に戻り，正の電荷は，(b) の配置から (e) の配置へ移動したことになる．つまり，電荷の移動には J が必要なのである．ただし，このような電荷移動とスピン励

起の結合は，次元性によって異なる．図4.3に示すように，1次元の反強磁性的なスピン配列(a)にホールを1個導入する(b)．ホールが動けば，2次元の場合と同様に強磁性的なスピン配列が生じる(c)．しかし，1次元ではこのようなスピン励起は，電荷とは独立に運動できる．つまり，1次元系では，電荷はtで運動し，スピンはJで運動するので両者は分離している．

　ここでは，弱励起の場合についてのみ述べたが，強励起では，式(4.25)の近似が許されなくなる．その場合は式(4.24)のパイエルスの位相による取り扱いに立ち返る必要がある．そのような場合については，第8章で改めて述べる．

第5章 電荷秩序型有機伝導体における光誘起絶縁体-金属転移

第1章で述べたように,光誘起絶縁体-金属転移は,光誘起相転移の代表的な現象の1つである.遷移金属酸化物やカルコゲナイド,有機伝導体など多くの物質系において観測されている [53].本章(第5章)と次章(第6章)ではその代表的な事例の1つである有機伝導体の光による電荷秩序融解や,ダイマーモット絶縁体から金属への光誘起相転移について紹介したい.

5.1 電荷秩序の超高速光融解

5.1.1 ポンププローブ過渡反射測定

2種類の電荷秩序系物質 θ-$(ET)_2RbZn(SCN)_4$ と α-$(ET)_2I_3$ における,光照射による電子状態の変化を,ポンププローブ (Pump-probe) 分光によって得られる反射スペクトルの過渡的な変化から議論していこう.

図5.1にポンププローブ過渡反射測定 (Transient reflectivity measurement)

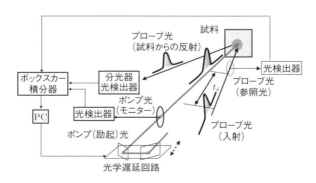

図 5.1　ポンププローブ過渡反射測定装置の概略を示す模式図.

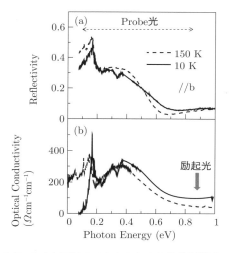

図 5.2 α-(ET)$_2$I$_3$ の (a) 反射スペクトルと (b) 光学伝導度スペクトル [55].

の概略を示す．この方法では，ポンプ（励起）光によって引き起こされる物質の電子状態の変化をプローブ光の反射強度の変化として観測する．励起光とプローブ光の時間差（t_d）を光学遅延回路で掃引することによって時間分解測定が可能になる．

5.1.2 定常反射率と光学伝導度

図 5.2 に，α-(ET)$_2$I$_3$ [54] の反射率スペクトル (a) と反射率をクラマースクローニッヒ (Kramers-Kronig) 変換して得られた光学伝導度 (Optical conductivity) (b) を示す [55]．この物質は第 3 章で述べたように，T_{CO} =135 K 以上では金属なので，低エネルギー（<0.1 eV）においても有限の伝導度を示し，反射率には，プラズマ反射 (Plasama reflection) に類似の反射端（～0.6 eV）が見られる．しかし，低温（<135 K）では，電荷秩序絶縁体への相転移に伴って，光学伝導度スペクトル（図 5.2(b)）には明確なギャップ（光学伝導度が～0 の領域；0～0.1 eV）が現れる [56]．

一般に有機伝導体における，中赤外光領域の反射構造や光学伝導度のブロードなピークは，分子間の様々な電荷移動遷移の重なりによるものと考えられており，金属-絶縁体転移による各 ET 分子の価数（金属 +0.5，絶縁体 +0.8 と

+0.2) の変化を敏感に反映する [57][1]．実際，絶縁体-金属転移に伴うスペクトルの変化は，単に〜0.1 eV のギャップが開くだけにとどまらず，はるかに高エネルギーの近赤外領域（〜0.8 eV）にまで及んでいる．銅酸化物をはじめとする強相関電子系の絶縁体-金属転移は，しばしば，こうした光学伝導度におけるスペクトル重率の低エネルギー側から高エネルギー側への移動によって特徴づけられる [59]．

5.1.3 第二高調波発生とテラヘルツ光発生

第3章で述べたように，α-(ET)$_2$I$_3$ の電荷秩序状態は，電荷秩序相における電荷不均化 (Charge disproportionation) のパターンが空間反転対称性 (Spatial inversion symmetry) を破っており，強誘電性を示す [44,60]．一般に空間反転対称性が破れている系では，2次の非線形分極 (2'nd order nonlinear polarization) による第二高調波 (Second harmonics, SH) やテラヘルツ（Teraheltz, THz）光が発生する．2次の非線形分極は，2次の非線形感樹率 (Nonlinear susceptibility)$\chi^{(2)}$ を用いて

$$\boldsymbol{P}^{(2)} = \varepsilon_0 \chi^{(2)} \boldsymbol{E}^2 \tag{5.1}$$

と表される．反転対称性があるならば，電場の向きを180°反転させたとき，

$$-\boldsymbol{P}^{(2)} = \varepsilon_0 \chi^{(2)} (-\boldsymbol{E})(-\boldsymbol{E}) \tag{5.2}$$

となるはずだが，式 (5.2) は $\chi^{(2)} = 0$ でない限り成り立たない．つまり反転対称性が破れていなければ，$\chi^{(2)}$ は有限の値を持ち得ない．

図 5.3 にこの物質における (a)SH 光と (b)THz 光の発生効率の温度依存性を示す．いずれも転移温度（135 K）以下で立ち上がることがわかる．α-(ET)$_2$I$_3$ の2次非線形性は極めて強く，単位長さあたりの THz 発生効率では，THz 発生デバイスとしてよく知られている電気光学結晶 (Electro-optic crystal)ZnTe を大きく（約1桁）上まわっている [60][2]．

これらの結果は，電子状態の空間反転対称性が破れていることを示しているが，2次の非線形性から，強誘電ドメイン (Ferroelectric domain) がどの程度巨

---

[1] 電荷秩序相で見られる 0.2 eV のややシャープなピーク，および金属相におけるディップとピークは，電子遷移と分子内振動とのファノ干渉 (Fano interference) によるものと考えられている [58]．
[2] ただし，低温でしか動作しないので，残念ながら実用には適さない．

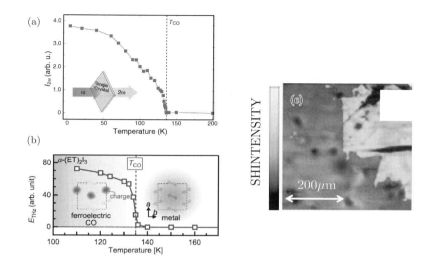

図 5.3 (a) 第二高調波 (SH) 光強度（励起波長；1400 nm）[44] と (b) テラヘルツ (THz) 光強度（励起波長；800 nm）の温度依存性 [60] (c) SH 顕微測定による巨視的強誘電ドメインの境界 [61].

視的なものであるかを定量的に議論することは難しい．しかし，用いている光の波長はおよそ $1\mu m$ 程度であることから，少なくともこの波長程度の空間スケールで見たときに反転対称性が破れていることは間違いない．実際，この物質では，図 5.3(c) に示すように，SH 顕微測定によって 100 ミクロンサイズのドメイン境界 (Domain boundary) が，はっきりと観測されている [61].

5.1.4 過渡反射スペクトル

それでは，いよいよ光誘起相転移のダイナミクスを見ていこう．ここでは，α-$(ET)_2I_3$ とともに，θ-$(ET)_2RbZn(SCN)_4$ の結果についても紹介したい．第 3 章（3.5 節）で述べたように，いずれも低温で電荷秩序を示す（θ-$(ET)_2RbZn(SCN)_4$ の T_{CO} は 200 K）が，相転移に伴う構造変化は，θ-$(ET)_2RbZn(SCN)_4$ の方がはるかに大きい．図 5.4(b)(d) の白丸は，電荷秩序相（20 K）を励起した場合の，光誘起反射率変化（$\Delta R/R$）スペクトルを示す [62]（（ポンプ光とプローブ光の遅延時間）=0.1 ps, ポンプ光子エネルギー：0.89 eV, 時間分解能〜200 fs）．R は光励起前の反射スペクトル，ΔR はポンプ光前後

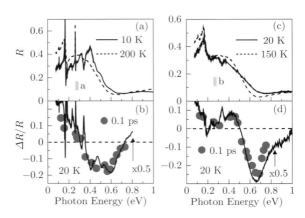

図 5.4 反射スペクトルと過渡反射スペクトル (a)(b) (θ-(ET)$_2$RbZn(SCN)$_4$ 2, (c)(d) α-(ET)$_2$I$_3$ (文献 [62, 63] より引用).

の反射率の差分（R(励起後)−R(励起前)）をそれぞれ表す．ポンプ光の光子エネルギーは，電荷秩序ギャップよりも高エネルギーの 0.89 eV に設定しているが，これは，侵入長 (penetration depth) の長い（〜1 μm）高エネルギー側においては，深さ方向に均一な励起が期待できるからである[3]．いずれの物質においても，低エネルギー側の反射率が増大し，高エネルギー側の反射率が減少していることがわかる．

このような反射率の変化は，図 5.4(a), (c) に示した，定常反射率スペクトルの，T_c を挟んだスペクトルの形状変化（図 5.4(b), (d)）の実線；温度差分スペクトル（R(高温相)−R(低温相))/R(低温相)）と極めてよく一致している．すなわち，電荷秩序は瞬時に融解して金属的な状態が生成していると考えてよい．

0.1 ps における $\Delta R/R$ の大きさは，励起強度（I_{ex}）=0.001 mJ/cm^2 から 0.1 mJ/cm^2 まで 2 桁にわたってほぼ線形に増加する．0.1 mJ/cm^2 という光強度は，およそ 200 分子（θ-(ET)$_2$RbZn(SCN)$_4$）あるいは 500 分子（α-I$_3$）あたり 1 光子を注入していることに対応する．光による転移と熱的転移による反射率変化の大きさを比較することによって，0.1 ps での光誘起相転移の効率は，100 分子/光子（θ-(ET)$_2$RbZn(SCN)$_4$），250 分子/光子（α-(ET)$_2$I$_3$）と見積もることができる．これらの結果から，電荷秩序の融解は，励起後瞬時に微視的（100-200

---

[3] ポンプ光の侵入長がプローブ光の侵入長よりも短いと，ポンプ光による変化が正しく測定できない．

分子程度) なクラスター状，あるいはナノドメイン (Nano domain) 的に始まると予想できる．後で述べるように，これは必ずしも巨視的な金属相の生成を意味するわけではない．中赤外光領域の反射率スペクトルは，分子間の電荷移動遷移によるものであり，ET 分子の価数の変化 (0.8 価と 0.2 価：電荷秩序 →0.5 価：金属) などの局所的な電子状態の変化を反映しているに過ぎないからである．

金属化を示す $\Delta R/R$ の初期応答（立ち上がり）は，100 fs パルスを用いたこの測定の時間分解能である 150-200 fs 以内に完了しているように見える．このような超高速応答は，電荷秩序の初期融解過程において，ET 分子の格子変位は重要でなく，むしろ電子的な応答が主役を担っていることを示している．初期応答に関する詳細な議論は第 7 章において行う．

5.2 電荷秩序の回復

図 5.5 に示す $\Delta R/R$ の時間プロファイルは，励起直後に生成した光誘起金属状態が緩和し，電荷秩序が回復していく様子を反映している．光誘起金属状態は，安定な電荷秩序相中に注入された "ゆらぎ" であって，時間が経てば元に戻る．そのダイナミクスには，電荷秩序の熱力学的な性質，～より具体的には電荷秩序相と金属相を含む自由エネルギーポテンシャル～について基本的な情報を含んでいるはずである．注目すべきことに，この 2 つの物質は同じ ET 分子からなる電荷秩序絶縁体であるにもかかわらず，光誘起金属状態の緩和過程（＝電荷秩序の回復過程）は，大きく異なっている．

θ-$(ET)_2RbZn(SCN)_4$（図 5.5(a)）では，光誘起金属状態の時間プロファイルは，2 成分の指数関数的な減衰 (0.2 ps (83 %) および 1.2 ps(17 %)) で表される．この高速な減衰は，I_{ex} の 2 桁以上に及ぶ変化に対しても，まったく同様に観測され，さらに，温度依存性 ($T<T_c$) も見られない．一方，α-$(ET)_2I_3$（図 5.5 (b), (c), (d)）では，T_c 以下のいずれの温度においても，I_{ex} の増加に伴って寿命は長くなる．特に，転移温度近傍 (124 K) では，I_{ex}=0.003 mJ/cm^2 から 0.1 mJ/cm^2 への励起強度の変化に対し，緩和の時間スケールはピコ秒からナノ秒へ，実に 1000 倍もの増大を示す．このような顕著な励起強度依存性は，図 5.6 に模式的に示すような光誘起金属状態の不均一性を用いて説明できる．すなわち，弱励起下では，微視的な金属ドメインが生成（図 5.6(a)）した

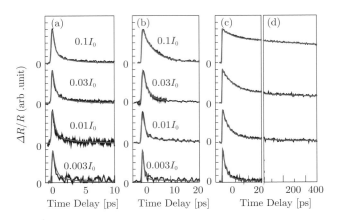

図 5.5　0.12 eV における反射率変化の時間発展
(a) θ-(ET)$_2$RbZn(SCN)$_4$(10 K), (b) α-(ET)$_2$I$_3$(10 K), (c)(d) α-(ET)$_2$I$_3$(124 K). $I_0 = 1$ mJ/cm^2（文献 [63] より引用）.

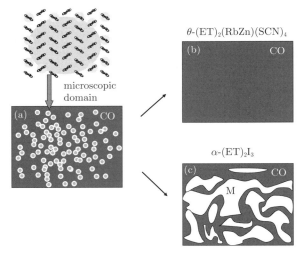

図 5.6　光誘起金属ドメインの模式図（文献 [63] より引用）.

後，ただちに緩和して電荷秩序が回復する（図 5.6(b)）．強励起下では，微視的ドメインは，絶縁体-金属間の界面エネルギーの損失を減らすために凝集し，準巨視的なドメインとして安定化すると考えられる（図 5.6(c)）．

α-(ET)$_2$I$_3$ において観測された，励起強度に依存した 3 桁もの寿命の変化に関

しては，次節で述べることにして，ここでは，$\theta\text{-}(ET)_2RbZn(SCN)_4$ と $\alpha\text{-}(ET)_2I_3$ における緩和ダイナミクスの違いについて考えてみよう．$\theta\text{-}(ET)_2RbZn(SCN)_4$ では，ドメイン凝集によると考えられる顕著な温度依存性，励起強度依存性は見られない．したがって，$\theta\text{-}(ET)_2RbZn(SCN)_4$ においては，高密度に微視的な金属ドメインが生成してもそれらは凝集しない．このような電荷秩序の光融解ダイナミクスの違いは，第3章で述べた両物質における熱的な転移の性質の違いを用いて以下のように説明できる．$\alpha\text{-}(ET)_2I_3$ の温度変化による絶縁体-金属転移が，1次転移 (1'st order phase transition) ではあるものの構造変化の小さな "電子的" な転移とみなせるのに対し，$\theta\text{-}(ET)_2RbZn(SCN)_4$ では，比較的はっきりした構造的な対称性の低下を伴った強い1次転移である．$\theta\text{-}(ET)_2RbZn(SCN)_4$ の転移は，分子間の二面角の変化に対する比較的大きなポテンシャルバリア (Potential barrier) を隔てたものであり [64]．このポテンシャルバリアが，準巨視的な光誘起金属ドメインの安定化を妨げていると考えるのが自然である．以上のことから，有機伝導体における電荷秩序の光融解は，i) 電子的な応答による，微視的金属ドメインの生成（図5.5(a)：$\theta\text{-}(ET)_2RbZn(SCN)_4$，$\alpha\text{-}(ET)_2I_3$）と，その後の ii) 格子の安定化を伴った準巨視的なドメインの形成（図5.5(c)：$\alpha\text{-}(ET)_2I_3$）の2つのステップからなると予想できる．

すでに述べたように，中赤外光領域の反射測定で観測している電子遷移は，分子上の局所的な電子状態を反映したものなので，図5.6のようなイメージが正しいのかどうか，現時点では明らかではない．しかし，$\alpha\text{-}(ET)_2I_3$ の電荷秩序状態はSH光やTHz光の発生に対して活性であることを利用した，以下のような実験から，電荷秩序の融解が少なくともミクロン度程度の巨視的な領域にまで発達することは間違いないと思われる．

図5.7は，光励起によって生じた電子状態の変化を，(a) 反射率の変化 [44,62]，(b)SH光発生 [44] および (c)THz光発生 [60] によって検出した結果を示している．(b)(c) の測定は，図5.1に示したポンププローブ反射測定とは，試料からのSH光やTHz光の発生強度を測定する点が異なっている[4]．

図5.7(b) は，強励起下において，SH光の強度が電荷秩序の光融解によって

---

[4] (b) は試料表面で発生したSH光を反射配置で測定する．SH光と同時に検出機に入る基本波は，分光器と短波長透過（ハイパス）フィルターによって遮断する．(c) は，試料から透過してくるTHz光を電気光学サンプリング法 (Electro-Optic sampling) により検出する．

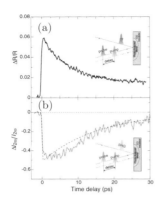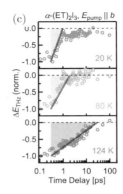

図 5.7 (a) 過渡反射の時間発展，(b) 光励起-SH 発生プローブ測定によって得られた，α-(ET)$_2$I$_3$ における SHG 強度変化の時間発展 (c) 光励起-THz 発生プローブ測定の結果（(a), (b) は，文献 [44] より引用．(c) は文献 [60] より引用．

約 50 %にまで減少していることを示している [44]．SH 光強度のこのような大きな減少は，図 5.6(b) のような巨視的な融解が実際に起きていることを示している．同様の結果は，図 5.7(c) のテラヘルツ発生をプローブとした実験でも確かめられている [60][5]．

5.3　光誘起相転移の動的臨界現象

前節では，α-(ET)$_2$I$_3$ を弱励起した場合に観測される速い緩和 → 微視的金属ドメイン，強励起における緩和時間の増大 → 準巨視的なドメインの生成，と解釈した．光励起直後に観測される反射率変化の大きさから見積もられる初期生成微視的ドメインの大きさは，およそ分子 100 個程度（～10 nm に相当）である．最も簡単な解釈では，このドメインの大きさは第 2 章で述べた相関長 ξ に対応し，より安定な巨視的ドメインでは，相関長が増大していると考えることができる．ここでは，より詳細な緩和ダイナミクスの励起強度と温度に対する依存性から，電荷秩序の熱力学を議論したい．

図 5.8 に α-(ET)$_2$I$_3$ における反射率変化の時間プロファイルの，温度と励起

---

[5] 最近の 7 fs 高強度パルスを用いた実験では，SH 光強度が完全に消滅する，すなわち電荷秩序を 100%融解させることも可能になっている．

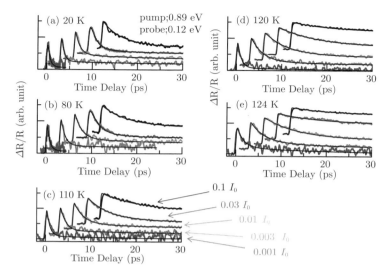

図 5.8 (a)20, (b)80, (c)110, (d)120, (e)124 K の各温度における規格化した反射率変化の時間発展の励起強度依存性（α-(ET)$_2$I$_3$）．I_0 =1 mJ/cm^2．測定エネルギーは 0.12 eV（文献 [63] より引用）（口絵 1 参照）．

強度依存性のより詳細な様子を示す．これらの金属ドメインの寿命（時定数）をそれぞれ，τ_{fast} と τ_{slow} として減衰曲線を解析し，換算温度 $|T/T_{\text{CO}} - 1|$ の関数として図 5.9(a) に示した [62,63]．図 5.9(b) は，それぞれの減衰成分の相対的な成分比を表す．緩和時間 τ_{fast} と τ_{slow} は，いずれも転移温度近傍で発散的に増大する，いわゆる臨界緩和として理解することができる．すなわち，光励起によって生成された準安定状態（光誘起金属状態）は，熱力学的な復元力によって最安定状態（電荷秩序状態）へと緩和するが，T_c 近傍では，準安定状態と最安定状態の自由エネルギーは拮抗するため復元力が次第に消失する．その結果，第 2 章で述べた 2 次相転移 (2'nd order phase transition) の臨界減速の概念によれば，緩和時間 (τ) は，

$$\tau \propto |T/T_{\text{CO}} - 1|^{-\nu z} \tag{5.3}$$

（ν と z はそれぞれ相関長 ξ の臨界指数と，動的臨界指数）に従って増大する．臨界指数 ν と z は，準安定状態の熱力学的性質を示す指標と考えてよい．我々の実験結果を見ると，τ_{slow} に対する指数 νz は 1.8 程度の値を示し，2 次元イジ

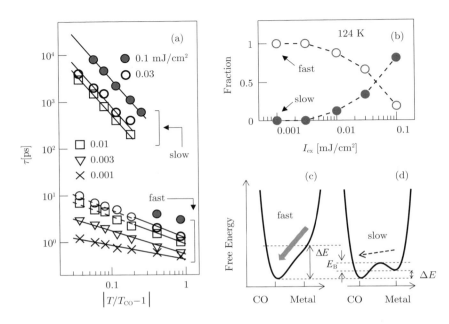

図 5.9 (a) α-(ET)$_2$I$_3$ において観測される金属状態の寿命 (τ_{fast}, τ_{slow}) の温度依存性 (T_{CO} =135 K), (b) τ_{fast}, τ_{slow} の成分比の温度依存性, (c) 光誘起金属状態の臨界緩和を示す模式図 (文献 [63] より引用).

ングモデルに基づくモンテカルロシミュレーションの結果 (νz =2.1665 [25]) と比較的近い.しかし,τ_{fast} の温度依存性は τ_{slow} に比べて明らかに小さく,νz は,0.3(0.001 mJ/cm^2)～0.65(0.03 mJ/cm^2) 程度の値を示す.これらのことから,まず,τ_{slow} は,高温相と類似の性質を持った準巨視的なドメインの緩和時間と考えられるだろう.一方,τ_{fast} の起源である微視的なドメインは,単に小さいというだけでなく,巨視的な金属状態とは熱力学的に異なる性質を持つことを示している.さらに静水圧印加 (Hydrostatic pressure) 下における光誘起相転移の実験も行われており,τ_{fast} と τ_{slow} の圧力(静水圧)依存性は明確に異なることからも同様の結論が再び導かれる [65].

第 3 章で述べたように,α-(ET)$_2$I$_3$ における定常状態の絶縁体-金属転移(温度転移)は,(大きな構造変化こそないものの)比熱に飛びのある 1 次相転移であることを思い出してほしい.このことは,臨界緩和が 2 次相転移の概念であることと矛盾するようにも見える.しかし,以下に述べるように,「温度変化に

対しては1次相転移であっても，光誘起相転移のダイナミクスに臨界性が現れる」ことは，実はそれほど不思議なことではない．図5.9(c)に示すように，転移温度から遠い温度では準安定な光誘起金属からの復元力が強く，転移温度の近傍（図5.9(d)）では復元力が弱くなる．これが臨界減速の理由である．金属状態と電荷秩序状態の自由エネルギーの差をΔEとしよう．図5.9に示すように，$T \ll T_{\mathrm{CO}}$(c)ではΔEは大きく，$T \sim T_{\mathrm{CO}}$(d)ではΔEは小さい．

一方，1次相転移を特徴づけるポテンシャル障壁をE_Bとすると，$T \ll T_{\mathrm{CO}}$と$T \sim T_{\mathrm{CO}}$のΔEの変化がE_Bよりも大きければ臨界緩和が観測される．温度転移の場合に問題となるΔEの変化は，熱エネルギー($k_B T$)程度であるので，ΔEとE_Bの比較で1次転移度の程度が決まる．一方，光誘起相転移の場合，光によって与えられるゆらぎは，熱ゆらぎに比べてはるかに大きいため，ΔEの大きな準安定状態からの（極めて強い復元力による）超高速緩和を与えることになる．もちろんこのときのΔEは，E_Bよりも大きい．すなわち，光誘起相の"臨界"緩和は，いわゆる本当の（転移温度に近いという意味での）"臨界"ではなく，むしろ臨界から遠く離れた非平衡状態の熱力学特性というべきだろう．こうした，光誘起相転移に見られる"臨界"緩和の最もわかりやすい特異性は，緩和の時間スケール自体が，特に弱励起では，通常の臨界緩和のそれに比べて著しく短いことであるが，このことは，電子，高周波の分子振動など，ごく限られた自由度のみが熱力学的な特性に寄与していることを示唆している．弱励起下において観測される微視的ドメインの寿命の温度依存性が，強励起の場合に比べてかなり弱い（$\nu z = 0.3 - 0.6$）こと，また，強励起の場合の結果（$\nu z = 1.8$）が，2次元のイジング模型（$\nu z = 2.1665$）と類似の値を示していること，などを考え合わせると，弱励起における弱い臨界性は，関係する自由度が，電子など高周波のものに制限され，低周波の分子間振動などの自由度の寄与が抑制されているためと考えることもできる．

光誘起相転移の臨界緩和については，以前にもほかの物質系で観測例があり，光強度に対して寿命が臨界的に変化する様子が観測されている[66]．その結果は，相関長ξが，光強度に応じて変化すると解釈できる．一方，α-(ET)$_2$I$_3$で観測されたνzの変化は，ξそのものが異なるだけでなく，その温度依存性も異なっている．つまり，光が強くなったときに起きていることは，単にドメインが大きくなっているだけではない．上記に述べたνzの大きさの違いとその時間領域を考慮すれば，微視的なドメインは，格子は基底状態のまま電子状態のみが

変化しており，巨視的なドメインに移行する際に，格子の変位が追随しているなどが考えられる．この筋書きは，第7章において述べる，より高い時間分解能の実験によっても支持される[6]．また，最近の理論的な考察からは，単に電荷秩序が融解するだけではなく別の秩序ができる可能性も示唆されている [68].

---

[6] 強相関電子系における研究では一般的に知られるように，金属状態の性質を調べるためには，より低エネルギー（～meV）のスペクトル形状を観測する必要がある．光誘起金属状態の生成は，テラヘルツ時間領域分光 (Terahertz time-domain spectroscopy) によっても確認されている [67]．さらに今後，光電子分光や構造解析などによる，フェルミ面近傍の電子状態や電荷分布などのより詳細な研究が必要である．

第6章 ダイマーモット型絶縁体における光誘起相転移

κ型のET塩は，α-(ET)$_2$I$_3$やθ-(ET)$_2$RbZn(SCN)$_4$と同様に3/4フィリングの有機伝導体であるが，電荷秩序絶縁体ではなくダイマーモット絶縁体を形成する[40]（3.5節を参照）．このダイマーモット絶縁体の相図には，二量体（ダイマー）三角格子という特徴的な階層構造（分子 → ダイマー → 三角格子）に起因する多彩な電子相が見られることがわかっている．ここで紹介する研究は，そのような多彩な電子状態の起源である，ダイマー構造の特性を利用したものである．ダイマーモット絶縁体から金属への光誘起転移（κ-(d-ET)$_2$Cu[N(CN)$_2$]Br）では，二量体あたりの有効オンサイトクーロン反発U_{dimer}を光励起によって変調させており（6.1節），一方，分極クラスター (Polar cluster) の光成長（κ-(ET)$_2$Cu$_2$(CN)$_3$）では，二量体内部の電荷の分布を変化させている（6.2節）．

6.1 ダイマー内格子変位による光誘起絶縁体-金属転移

6.1.1 κ-(d-ET)$_2$Cu[N(CN)$_2$]Br と κ-(d-ET)$_2$Cu[N(CN)$_2$]Cℓ

κ型では，ET分子2つが二量体を形成するため，この二量体を1サイトとする擬似的な1/2フィリングのバンドが存在すると考えてもよい．もし，二量体サイトあたりのクーロン反発エネルギーU_{dimer}が，ダイマー間の遷移積分t_{dimer}よりも十分に大きければ，κ(ET)$_2$Xはモット絶縁体（ダイマーモット絶縁体）とみなすことができる．3.5節で述べたように，ET分子あたりのクーロン反発Uが大きい極限（$U \gg t_{\text{dimer}}$）では，$U_{\text{dimer}} = \sim 2|t_{\text{dimer}}|$であり，$U_{\text{dimer}}$はダイマー内部の分子間の移動積分（$t_{\text{dimer}}$）の2倍におおよそ等しい．したがって，サイト（＝ダイマー）内部の自由度であるt_{dimer}を変化させることによってU_{dimer}の変調が可能となる．

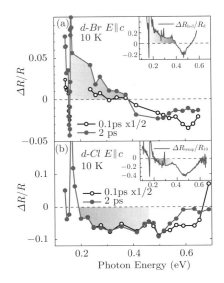

図 6.1 d-Br(a) と d-Cl(b) の差分過渡反射スペクトル．それぞれの枠内の挿入図は，(a) d-Br と h-Br の差分反射スペクトルと（b）d-Br の温度差分（10 K と 80 K）スペクトル（文献 [69] より引用）．

　本節で紹介するのは，このようなダイマー構造に特有な性質を利用した光誘起相転移である．この機構では，電子ダイマーの結合-反結合遷移 (bonding-antibouding transition) を光励起することによって不安定化させ，t_dimer と U_dimer の減少を導くことで金属への転移を起こす．

　図 6.1(a)(b) は，波長 1.4 μm のポンプ光（励起強度 0.1 mJ/cm^2）を照射した直後 (0.1, 2 ps) において観測される，(a) κ-(d-ET)$_2$Cu[N(CN)$_2$]Br(d-Br) と (b) κ-(d-ET)$_2$Cu[N(CN)$_2$]Cl(d-Cl) の光誘起反射率変化（$\Delta R/R$）を示す [69]．ポンプ光エネルギーは，後で述べるように，ダイマー内の結合-反結合準位間の遷移エネルギーの少し高エネルギー側に対応している．d-Br では，2 ps において，低エネルギー側の反射率が顕著に増大している［図 6.1(a) の灰色で塗りつぶされた部分］．このような $\Delta R/R$ スペクトルの形状は，d-Br と h-Br の差分反射率［(a) の挿入図；絶縁体から金属への転移を示す］と非常によく似ており，絶縁体から金属状態への転移が光励起によって起きていることを反映している．相図からわかるように，この物質では温度変化による転移は起こらないので，金属への転移は単なるレーザー照射による温度上昇の効果ではない．ポンプ光

の照射強度は，およそ 500 分子あたり 1 光子が吸収されている．相図上で金属を示す物質 (h-Br) の反射スペクトルとの差分などから見積もられる光誘起絶縁体-金属転移の効率は，100 分子/光子である．このことから，励起子や自由電子正孔対を 1 個（対）生成することによって，100 分子程度に広がった金属状態ができるという勘定になる．図 6.1(b) は，類似物質の d-Cl における結果を示す．この物質において観測される反射率の変化は，励起状態の生成を反映する反射率の減少（($\Delta R/R<0$）のみで，d-Br の場合に観測された，金属状態の生成を表す反射率の増加は観測されない．

d-Br と d-Cl の結果に見られる大きな違いは，第 3 章で示した相図（図 3.5(b)）から，容易に理解できる．すなわち，d-Br は絶縁体-金属（超伝導）のすぐ近傍にあるモット絶縁体であるのに対し，d-Cl は相境界からかなり遠い．構造解析のデータと拡張ヒュッケル法 (Extended Hückel method) を用いた解析によれば，ごく大雑把にではあるが図 3.5(b) の横軸に示したように U_{dimer}/t の変化を計算できる [70]．d-Br では，金属相への転移に必要な U_{dimer}/t がおよそ 0.5 %であるのに対し，d-Cl では 9%に及ぶ [69, 70]．すなわち，転移を起こすために必要な U_{dimer}/t の変化は，d-Br と d-Cl では，1 桁以上の大きな違いがあることを考慮すれば，金属への転移が起きる（d-Br），起きない（d-Cl）という違いは，とても自然な結果と言える．

6.1.2　ダイナミクスと機構

本節では金属状態生成のダイナミクスから，この物質における光誘起絶縁体-金属転移の機構について検証したい．図 6.2(a) の実線は，金属状態の生成を反映する反射率増加の時間発展を示す [69]．$\Delta R/R$ の立ち上がり時間から，金属の生成にはおよそ 1 ps の時間を要していることがわかる．この種の電荷移動錯体では，分子間の電荷移動の時間スケールはおよそ 40 fs 程度であり，例えば前節で述べた電荷秩序の光融解の初期過程の時間スケールは，第 7 章で述べるようにほぼそれに匹敵する．そのような超高速応答と比較すると，d-Br の光金属化はあまりにも"遅い"．したがって，この過程は電子的な応答ではなく，何らかの分子の変位を介していると考えるのが自然である．そのような解釈と符合するように，時間発展には電子状態と分子間振動の相互作用を反映した低周波（<100 cm^{-1}）の振動構造が見られる．これらの振動構造を解析することによって，光誘起絶縁体-金属転移が，どのような分子間振動によって起きるのか

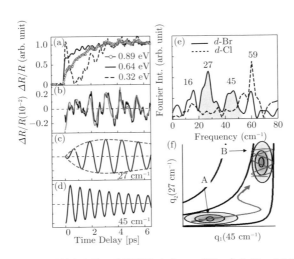

図 6.2 (a) d-Br の反射率変化の時間発展（プローブ光エネルギー 0.26 eV）．図中のエネルギーは，ポンプ光波長のエネルギーを示す．(b) (a) に示した時間発展の振動成分．(c)(d) 振動成分のフィッティング解析から得られた，$27\,\mathrm{cm}^{-1}$ と $46\,\mathrm{cm}^{-1}$ モードの実時間波形．(e) 振動成分のフーリエスペクトル．(f) 励起状態 (A) から光誘起金属状態 (B) への緩和を表すポテンシャル面上の古典的軌跡の模式図（文献 [69] より引用）．

を考えてみよう．

　多くの有機伝導体では，$100\,\mathrm{cm}^{-1}$ 以下の低周波数領域に，ラマン活性 (Raman active) な分子間振動モードが存在する．このような物質をパルス幅 10〜100 fs 程度のいわゆる超短パルス光で励起した場合，パルススペクトル内での瞬時誘導ラマン過程によって時間軸上の振動構造が観測される．この振動は電子基底状態における振動波束（コヒーレントフォノン (Coherent phonon)）を反映したものであって，直接光誘起相転移に関する情報を与えるものではない．誘導ラマン過程による基底状態の振動波束と，励起状態や光誘起金属状態における振動波束は，振動の位相を詳細に解析したり，振動の立ち上がり時間や寿命を，励起/光誘起状態事態の寿命と比較することによってある程度は区別することができる．以下の議論は，すべて後者（励起状態や光誘起金属状態）に関するものである．

　図 6.2(b) は，時間発展から立ち上がりや減衰成分を差し引いて，振動のプロファイルのみを抜き出したものである．この振動成分のフーリエ変換スペクト

ルを図 6.2(e) に示す．金属への転移が起こらない d-Cl の結果と比較してみると，27 cm^{-1} と 47 cm^{-1} の 2 つの低周波振動モードは，転移が起こる d-Br でのみ観測されることがわかる．したがって，金属への転移には，これらの低周波モードが大きな役割を果たしていると考えるべきである．さらに，図 6.2(c)(d) に示すように，振動波形を振動解析によって分離してみると，45 cm^{-1} のモードが励起後瞬時に励振されるのに対し，27 cm^{-1} のモードは，やや遅れて立ち上がっているように見える．しかもその立ち上がり時間は，上で述べた金属状態の生成時間とほぼ対応している．これらの結果から言えるのは，2 種類の低波数振動モードが，順次励起状態と相互作用することによって金属状態が生成するということである．すなわち，複数の振動モードが，すべて同時に電子分極と相互作用するわけではなく，あるモードが励振されることによって，また次のモードが活性化される，という逐次的なメカニズムによって転移が起きている．このようなダイナミクスは，光化学反応では，古典的な軌跡 (Classical trajectory) と呼ばれている [71]．図 6.2(f) は，それに習った模式図である．縦軸と横軸は，上記の 2 つの低周波振動モードに対応する格子変位を示し，A と B は，励起直後および光誘起金属状態を表す．まず，45 cm^{-1} のモードが励振され，その後 27 cm^{-1} のモードによって金属状態が安定化する．より詳細な描像を得るには，今後，第一原理計算 (Ab initio calculation) による振動モードの同定が必要だが，分子間の伸縮モードや秤動モードなどのダイマー内の分子間の遷移積分 t_{dimer} を極めて効率的に変調することや，これらの分子間の振動モードのエネルギーがちょうどこの領域 (<100 cm^{-1}) に対応することなどを考慮するならば，ダイマー内の分子間変位を介した U_{dimer} の減少という解釈は，そこそこ妥当なものと考えてよいだろう．

ところで，6.1.1 項で述べたように，d-Br では金属相への転移に必要な U_{dimer}/t は，0.5 %である．このことから，分子の変位の空間スケールを概算してみよう．U_{dimer}/t の変化はもっぱら U_{dimer} の変化によるとし，さらに U_{dimer} を減少させる分子の変位として，最も簡単な分子間距離の変化のみを考えると，転移に必要な分子間距離の減少はおよそ 0.05 %と見積もられる．

絶縁体-金属転移の機構として，クーロン反発と移動積分のバランスを変えるという方法は，圧力印加にも見られる一般的なものであるが，ここでは，光励起による分子変位が，ダイマー内の移動積分の変化を介してダイマー格子のオンサイトクーロン反発を減少させていることを強調したい．これは，ダイマー格

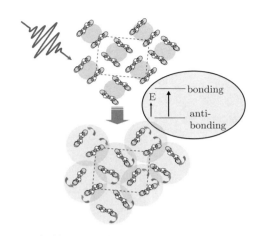

図 6.3　d-Br における光誘起絶縁体-金属転移の模式図．ダイマーの結合軌道-反結合軌道間の励起により，ダイマーが不安定化し，t_dimer と U_dimer が減少する．

子というサイト内自由度を持つ物質の特性を生かした物質制御の方法と言える．

6.1.3　光誘起絶縁体-金属転移の励起波長依存性

d-Br や d-Cl では，ダイマー内の光学遷移である結合-反結合励起と，ダイマー間の遷移であるハバード励起に対応する 2 種類の電荷ギャップが存在する．実験的にこれらのギャップを明確に区別することは難しいが，クラスター計算 (Cluster calculation) による同定が行われている [72]．それによれば，光学伝導度スペクトルの高エネルギー側のピークはダイマー内の遷移，低エネルギー側のブロードな構造はダイマー間の遷移によるものである．これまでは，ダイマー内の遷移を励起（0.89 eV）した場合について述べてきたが，本節では，ダイマー間の遷移に対応するより低エネルギー側（0.64 eV, 0.32eV）を励起した結果（図 6.2(a) の点線 (0.64 eV)，破線 (0.32 eV)）についても簡単に触れておきたい．この場合には，金属状態の初期生成ダイナミクスは，100 fs よりも速い超高速応答が観測される．この速い立ち上がりは，ハバードギャップの励起に伴う光キャリアドープ機構によって金属状態が生成することによると解釈することができる．すなわち，この物質では，励起エネルギーを変えることによって，分子変位を介したクーロン反発の光制御（ダイマー内励起）から光キャリアドープ機構（ダイマー間励起）へと光誘起絶縁体-金属転移の機構が変化する

のである [69,73]. 格子変位を反映する金属状態の"遅い"立ち上がりが，ダイマーの結合-反結合準位間の励起を行ったときのみに観測されるという事実は，ダイマーの不安定化を介したクーロン反発の減少という我々の解釈 [69] が妥当であることを支持している．

6.2　分極クラスターの光成長

6.2.1　電荷短距離秩序の光励起

前節で対象としたダイマーモット絶縁体 κ-(d-ET)$_2$Cu[N(CN)$_2$]Br は，金属相との相境界に近いダイマーモット絶縁体であったが，それ以外にも様々な種類の κ 型の ET 塩が知られている．スピン液体 (Spin liguid) や誘電異常 (Dielectric anomaly) を示すことで注目を集めている κ-(ET)$_2$Cu$_2$(CN)$_3$ [74–78] は，電荷秩序相との相境界に近い物質と考えられている．ダイマーモット相と電荷秩序相という，有機電荷移動錯体の代表的な 2 つの電子的秩序がせめぎあう相境界では，微視的な電気双極子とスピンがいずれも長距離秩序を作らず不安定で柔らかい短距離秩序にとどまる．このような，不安定で柔らかい電子相は，光などの外場に対して高速で巨大な応答を期待させる．しかし，その実験的な評価方法は，定常状態においてさえも議論の途上にある．本節で扱う対象は，定常状態が必ずしも well-defined な（強固で均一，静的な相として定義できる）状態でないという意味で，これまで述べてきたものとは異なる．しかし，今後の展開が期待されるトピックスでもあるので，解釈が定まっていない点も含めて紹介したい．ここで，"ダイマーモット絶縁体状態が，電荷秩序相と競合している"という描像は，少々理解が難しく，また現在も議論が続いている問題であるので [79–83]，光誘起相転移の話を始める前に，定常状態の説明をしておこう．

6.2.2　誘電異常とダイマー内双極子

ことの始まりは，κ-(ET)$_2$Cu$_2$(CN)$_3$ において，低周波誘電率（0.5 kHz〜1.0 MHz）の温度依存性に異常が観測されたことであった [75]．誘電率は 50 K 以下で顕著に増大を示し，幅の広いピーク形状を示す．測定周波数の増加に伴ってピークの温度は高温側へとシフトし，ピークの誘電率は減少する．このような特徴的な周波数分散は，リラクサ-強誘電体 (Relaxor ferroelectrics)，すなわち双極

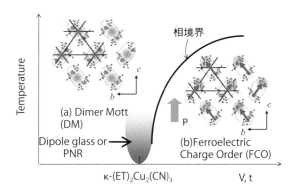

図 6.4　$\kappa\text{-}(ET)_2Cu_2(CN)_3$ の相図（模式図）．この物質は，ダイマーモット状態（ダイマーを構成する 2 つの分子上に電荷が均等に分布）と，電荷秩序（電荷がどちらかの分子に偏ってダイマー内に分極を生じた状態）との相境界近傍にあると考えられている（文献 [79] より引用）．

子の短距離秩序においてしばしば観測されるものである．このダイマーモット絶縁体の誘電応答の起源についての議論をまとめると以下のようになる [75–83]．

i) ダイマーの重心に電荷が局在した理想的なダイマーモット状態（図 6.4 の相図の左側）を仮定すると，ダイマー格子に誘電異常の理由となる対称性の破れはない．

ii) 図 6.4(b) の相図の右側のように，ダイマー内部の電荷（分子価数）の偏りがあれば，誘電異常の起源となり得るが，現在までに電荷（分子価数）の偏りを示す実験結果は報告されていない．したがって，ダイマー内の電荷の偏りがあるとすれば，それは静的，均一なものではなく，図 6.4 の相境界の近傍で予想される時間的なゆらぎ (Temporal fluctuation) や空間的な不均一性 (Spatial inhomogeneity) を伴ったものと考えなくてはならない．

iii) この物質は電気抵抗が低く，誘電測定が難しい．

このように誘電測定が困難で，なおかつ空間的にも時間的にも不均一性を持つ誘電状態を，どのような方法で観測し，制御すればよいのか，というのがここ数年の電子誘電体の実験研究に課された宿題であった．

6.2.3 テラヘルツ帯の光学伝導度スペクトル

図 6.5(a)(b) に，THz 時間領域分光によって得られた，κ-$(ET)_2Cu_2(CN)_3$ の定常光学伝導度スペクトルを示す [79]．図 6.5(a) の挿入図に示すように，分子間の電荷移動励起（ダイマー内励起やダイマー間励起（モットハバード励起）などの，1 電子励起）や，C=C 伸縮振動 (C=C Stretching vibration) など多数の赤外活性の分子内振動モードは，中赤外光領域（〜3000 cm^{-1}, 〜0.37 eV）および 1000〜2000 cm^{-1}（〜0.12 -0.25 eV）に存在する [1]．一方，ここで議論する THz 光領域（10〜100 cm^{-1}, 1.2〜12 meV）においては，分子間振動によるフォノンピークが観測される．多くの原子を分子内に内包する有機伝導体では，100 cm^{-1} 以下の振動モードの詳細な解析は，いくつかの例 [84] を除いてあまり行われていないが，一般的には，分子間の伸縮振動や秤動 (Libration) に起因すると考えられている．図 6.5(a) に示した E//b 方向の光学伝導度スペクトルには，低温では線幅が 1 cm^{-1} 以下の極めてシャープなフォノンのピークが観測される．それぞれのピークが示す，2%程度のわずかな低エネルギーシフトは，熱膨張による格子間隔の増加によるものと考えられる．スペクトル強度，ピークエネルギーのいずれにも目立った異常はない．例えば，変位型の強誘電体においてソフトニング (softening) などのフォノン異常，すなわち転移の起源であるイオンの光学型横波フォノン (Longitudinal optical phonon) の振動数が転移温度近傍で 0 に向かって減少するのとは大きく異なる．E∥c のスペクトル（図 6.5(b)）にも，フォノンのソフトニングはやはり見られないが，スペクトル全体の印象はかなり異なっている．電子遷移を反映するバックグラウンドの大きさは E∥b のスペクトルに比べ，およそ 1 桁も大きい．また，〜41, 51, 57, 70, 74 cm^{-1} の各フォノンピークに見られる非対称なひずみが見られる．このひずみは，バックグラウンドの電子遷移とシャープなフォノンの遷移の間の量子力学的な干渉効果（ファノ干渉，Fano interference）によるものと考えられる．以上のように，誘電異常に対応するフォノンのソフトニングなどの異常が見られないこと，E∥b と E∥c のスペクトルに大きな違いがあること，の 2 点をこの

---

[1] ET 分子の C=C（炭素二重結合）の伸縮振動に起因する分子内振動は，分子上の電荷と強く振電相互作用 (Vibronic interaction または Electron molecular vibration interaction) するため，しばしば分子価数のプローブとして用いられている．電荷秩序状態では，価数の大きな分子と小さな分子が存在するので，分子内振動のピークは分裂する．しかし，この場合のように，不均一性や時間的な価数の変動がある場合，必ずしも明確なピーク分裂としては観測できない [79, 82, 83]．

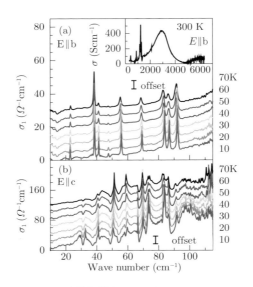

図 6.5 κ-$(ET)_2Cu_2(CN)_3$ の光学伝導度スペクトル. (a) $E \parallel b$, (b) $E \parallel c$ 文献 [79] より引用.

物質の THz スペクトルの特徴としてまず指摘しておこう.

6.2.4　電荷の集団励起 (E∥c)

前項では，誘電異常に対応するようなフォノンのソフトニングが見られないことを述べたが，実は，$E \parallel c$ のスペクトルには，ほかのフォノンとは異なる温度依存性を示すスペクトル領域が存在する．それは，低温で顕著に増大する 31 cm^{-1} 付近の構造である．図 6.6(a) に，この 31 cm^{-1} 付近を拡大したスペクトルを示す．このスペクトル領域には，中央部がへこんだブロードな構造が認められるが，低温でも 5 cm^{-1} 以上の幅を持ち，ほかのフォノンピークに比べて著しくブロードな形状を示している．この構造は，図 6.6(b) のように低温（<30 K）で急激に増大し，低周波誘電率の異常から予想される電気双極子の短距離秩序（分極クラスター）の成長と対応している．詳細は文献 [79] に譲るが，この特徴的なスペクトル形状は，ブロードな電子遷移とシャープなフォノンによるピークのファノ干渉として理解することができる．31 cm^{-1} 付近の構造に見られるこれらの特徴は，この構造が単純なフォノンピークではなく，電子的な応答であることを示している．励起エネルギーが，ダイマー内励起やモットハバー

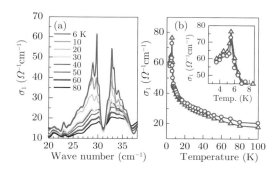

図 **6.6** (a)κ-$(ET)_2Cu_2(CN)_3$ の光学伝導度スペクトル．(b) 30 cm^{-1} のピークの遷移強度の温度依存性 (文献 [79] より引用)．

ド励起などの 1 電子励起（～0.4 eV）よりもはるかに低エネルギー（31 cm^{-1} ～ 4 meV）であることを考え合わせれば，電荷の集団励起 (collective excitation) と考えるのが自然である．また，低周波誘電異常の解釈に従うならば，この集団励起は，ダイマー内双極子の短距離秩序を特徴づけるものと考えてもよいだろう．31 cm^{-1} 付近の構造が，E∥c でのみ観測されることは，例えば図 6.4(b)（強誘電電荷秩序相）に示すようなダイマー内の電荷の偏りによって，異方的な分極が形成されることと関係しているように見える．ほかの手法では捉えることができなかった誘電異常の起源を，このような電荷の集団励起として観測できる可能性があることを強調したい．集団励起の起源に関しては，より詳細な考察が理論的側面から行われている [76, 77]．

6.2.5 電子誘電体の光誘起相転移 ～秩序の融解から構築へ

第 5 章で述べたように，電荷秩序絶縁体やダイマーモット絶縁体の 2 次元 $(ET)_2X$ では，金属状態への光誘起相転移，つまり電子的な秩序の光融解が確認されている．では，ダイマーモット相と電荷秩序状態との相境界にある κ-CN では，どのような光誘起相転移が起きるのだろうか？図 6.7(b) は，光励起後に観測される光学伝導度の過渡変化（$\Delta\sigma_1$）を示す．図 6.6(a) で示したスペクトル領域が特徴的な過渡変化を示すことがわかる．この $\Delta\sigma_1$ スペクトルを，温度差分スペクトル（図 6.7(a)）と比較すると，励起直後のスペクトルは低温（6 K）への変化，より時間を経た 10 ps 後のスペクトルは高温 (20 K) への変化を反映している．このことは，わずか数ピコ秒の間とは言え，光励起によって分極ク

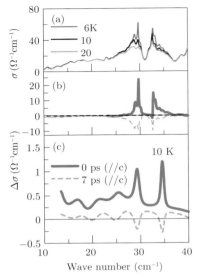
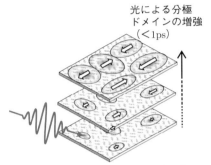

図 6.7 (a)κ-(ET)$_2$Cu$_2$(CN)$_3$ の光学伝導度 (σ) と (b) その温度差分スペクトル (c 軸方向). 実線 (6K と 10K の差分) は温度低下を表し, 破線 (20K と 10K の差分) は温度上昇を示す. (c)10K における光照射後 0.1 ps (実線) と 7 ps (破線) における光学伝導度の変化. ポンプ光 (励起エネルギー 0.89 eV), プローブ光の偏光はいずれも c 軸方向 [79].

図 6.8 光励起による分極ドメイン成長の模式図.

ラスターの数密度が増加することを示している. この現象はダイマーモット状態や電荷秩序の融解とは明らかに異なった, 新しいタイプの光誘起相転移と言えるだろう. 分極クラスターの数密度が増加する理由は今のところ明らかではないが, 光励起によって, 電荷に働いているフラストレーション (Frustration) 効果 (＝長距離秩序を阻害している起源) が抑制されるなどが考えられる.

複数の相互作用が競合した結果, 強固で均一, 静的でない相を光励起するというアプローチは, これまでの光誘起相転移の研究ではあまり注目されてこなかった. 基底状態も理解できないのに, その励起状態を調べる気にならないのは当然のことである. しかし, ここで扱ったような短距離秩序の系は, 光をは

じめとする外場で制御する対象としては，いろいろな可能性を秘めている．外場による秩序形成へ向けた試みは，今後ますます盛んに行われると考えられる．

第 7 章　光誘起相転移の初期過程

　第 5 章では，2 次元有機伝導体における電荷秩序の光融解が，微視的金属ドメインの生成によって始まることを紹介した．クーロン反発によって凍結した電荷が融解する仕組みは，図 7.1(a) に示すような光ドープによる価数制御や，格子変位を介したバンド幅制御など，物質ごとに異なるメカニズムが提案されている．しかし，強相関電子系の物性を支配する電子のホッピングやクーロン相互作用の時間スケールで，光誘起相転移の始まりは一体どのように見えるのだろうか？本書で主に扱ってきた π 電子系の有機物質は，～0.2 eV 程度の（移動積分とクーロン反発エネルギーで決まる）電荷ギャップを持つが，これは時間に直すと，$\frac{h}{0.2\,\mathrm{eV}}$～20 fs となる．したがって，10 フェムト秒程度，あるいはそれより短いパルスを用いることによって，強相関電子系の光励起を時間軸上の電子の運動として捉えることができる．

　強相関電子系の光励起をイメージすることはなかなか難しい．約 10^{23} 個に及ぶ多数の（互いに相関を持った）電子やスピンが高周波（約 10^{15} Hz）の振動電磁場によってダイナミックに躍動する世界（図 7.1(b)）は，通常のバンド絶縁

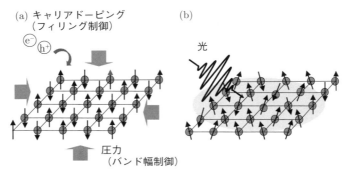

図 **7.1**　(a) 価数制御，バンド幅制御の模式図. (b) 強相関電子系の光励起の模式図.

体や半導体における光キャリアや励起子のダイナミクスとは少々異質なものである．光誘起絶縁体-金属転移は，そのような多電子励起がもたらす代表的な現象と言ってよい．しかし，それを「光と物質の相互作用」として素過程から理解しようとすると，とてつもなく複雑で困難なことに気づかされる．こうした問題は以前から指摘されていたが，最近になって，数フェムト秒（1〜3数サイクル）パルスを用いた実験によって，電子の運動を時間軸で捕捉できるようになった今，このことはより現実的な意味を持っている．本章では，新たなフェーズに入った光誘起相転移の超高速ダイナミクスの研究の状況を，我々が行っている有機伝導体の研究を例にして紹介したい．

7.1 極短光パルスの作り方

7.1.1 時間応答と周波数応答

本書では，光源や測定法に関する技術的な測面の詳細は省いているが，本章と次章で用いる数フェムト秒の1〜3サイクル（5〜15フェムト秒）パルスの発生について原理的なことを少しだけ述べておくことにする．このような極短光パルスの基本的な性質や発生法に興味がなければ読み飛ばしていただいても差し支えない．

時間軸応答（パルス波形 $\bm{E}(t)$）と周波数軸応答（スペクトル $\bm{E}(\omega)$）はフーリエ変換 (Fourier transform) の関係

$$\bm{E}(t) = \frac{1}{2\pi} \int_{-\infty}^{+\infty} \bm{E}(\omega) e^{-i\omega t} d\omega \tag{7.1}$$

で結ばれている．このときパルスの時間幅 Δt とスペクトルの周波数幅 $\Delta\omega$ の間には，

$$\Delta t \cdot \Delta \omega \geq K \tag{7.2}$$

の関係がある．K は，パルス（スペクトル）波形に依存して決まる定数である．例えば，波長 1.5 μm 帯域の場合，幅 100 fs のパルス光は，〜40 nm のスペクトル幅を持つが，10 fs パルスでは，その幅は約 400 nm にも達する．スペクトル応答 $\bm{E}(\omega)$ から式 (7.1) で導かれるパルスをフーリエ限界パルス (Transform-limited pulse) と呼ぶ．すなわち極短光パルスで物質を励起して，そのダイナミクスを観察するということは，本質的に広帯域のスペクトルに対する応答を見ることになる．励起パルスの時間幅が狭くなればなる程，孤立した単一のエネルギー準位のみを"共鳴"するという描像が適切ではなくなる[1]．

7.1.2 波長変換によるスペクトルの広帯域化

チタンサファイアレーザー (Titanium sapphire laser) やエルビウムドープファイバーレーザー (Erbium-doped fiber laser) の場合，帯域幅全体から決まるフーリエ限界パルス (Transform-limited pulse) の幅は 6-20 fs 程度である[2]．

レーザー発振器で得られない波長領域における短パルス化や，より短いパルスを得たい場合には，非線形光学効果による波長変換が行われる．物質中に外部電場 $\boldsymbol{E}$ によって誘起される非線形分極 (Nonlinear polarization)$\boldsymbol{P}$ を $\boldsymbol{E}$ に対して摂動展開 (Perturbation expansion) すると，非線形電気感受率 (Nonlinear electric susceptibility)χ を用いて，

$$\boldsymbol{P} = \varepsilon_0 \left(\chi^{(1)}\boldsymbol{E} + \chi^{(2)}\boldsymbol{E}^2 + \chi^{(3)}\boldsymbol{E}^3 + \chi^{(4)}\boldsymbol{E}^4 + \cdots \right) \qquad (7.3)$$

と表される [85, 86]．偶数次の $\chi^{(2)}$, $\chi^{(4)}$ は空間反転対称性 (Spatial inversion symmetry) が破れている系にのみ現れる．$\chi^{(2)}$ の効果としては，すでに第 5 章で述べた第二高調波発生 (Second harmonic generation) や，テラヘルツ波発生

---

[1] これは例えば調和振動子の場合を考えてみれば容易に理解できる．調和振動のエネルギー固有値 $E_n = \left(n + \frac{1}{2}\right)\hbar\omega$ を，周波数軸上で観測するためには，各準位の寿命は $\frac{1}{\omega}$ の時間スケールよりも長くなければならない．一方，この調和振動を時間軸で見ることは，量子力学的な波束 (Wave packet) の観測に対応する．波束は，複数の固有状態 E_n を足し合わせることによって形成されるが，このことは周波数軸上では"ぼける"ことを意味する．時間分解で電子や原子の"運動を見る"ということは，量子力学的には，複数の固有状態を干渉させることに対応する．

[2] 帯域幅全体の幅に対応するフーリエ限界パルスを得るために用いられる方法は，モードロック (Mode-lock) と呼ばれる．この方法は，帯域幅内の縦モードを波として足し合わせることによってパルス列が生じる．これは簡単な計算で確かめられる．レーザーの共振器長 L, 光速度 c, 最も低周波数の縦モード (Longitudinal mode) の振動数を ω とし，各縦モードの波を位相を固定して足し合わせると $E(t) = \sum_n E_n(t) = E_0 e^{i\omega t} \sum_{n=0}^{N-1} e^{i\pi nct/L}$ となる．光強度 $I = EE^* = E_0^2 \frac{\sin^2(N\pi ct)/2L}{\pi ct/2L}$ はパルス列 (Pulse train) を与える．N が増えれば（帯域幅が広がれば）パルス幅は短くなる．モードロックの技術的側面（どうやって縦モードの位相を固定するか）については詳細を述べないが，カーレンズモードロック (Kerr lens mode-lock) と呼ばれるレーザー媒質内での非線形効果を利用した簡便な方法のために，チタンサファイアレーザーは飛躍的に普及した．

(Teraheltz wave generation) のほか，光パラメトリック効果 (Optical Parametric effect) などがあり，$\chi^{(3)}$ の効果としては 2 光子吸収 (Two-photon absorption) や 4 光波混合 (Four-wave mixing)，自己位相変調 (Self-phase modulation) などが知られている．この中で，光パラメトリック効果と自己位相変調は，パルスのスペクトル広帯域化に最もよく用いられる．

7.1.3 光パラメトリック増幅

第二高調波発生と同様に 2 次の非線形光学効果である光パラメトリック効果 [85,86] は，反転対称性の破れた物質に，ω_p（ポンプ光）を入射すると，ω_s（シグナル (Signal) 光）と $\omega_i = \omega_p - \omega_s$（アイドラ (Idler) 光）が放射される過程である（図 7.2(a)）．もし，図 7.2(b) のように，微弱なシグナル光（ω_s）をシード（種, seed）光として，強いポンプ光（ω_p）とともに入射すると，シード光はポンプ光のエネルギーによって増幅され，同時にアイドラ光（ω_i）が発生する．このような"パラメトリック効果を用いた光増幅"効果は，光パラメトリック増幅 (Optical parametric amplification, OPA) と呼ばれる．シード光として広帯域の白色光を用い，結晶の軸とポンプ光，シグナル（シード）光の入射角を特定な角度に合わせると，広帯域白色光の一部のスペクトル領域が増幅される．この角度と OPA が起こるスペクトル領域の関係は，位相整合条件 (Phase matching

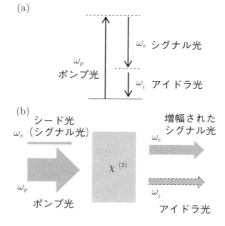

図 **7.2** (a) 光パラメトリック効果, (b) 光パラメトリック増幅の模式図．

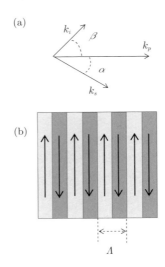

図 **7.3** (a) 非同軸配置の位相整合，(b) 周期的分極反転電気光学結晶を用いた疑似位相整合の模式図．

condition) と呼ばれる．位相整合条件は，ポンプ光，シグナル光，アイドラ光，それぞれの光の波数ベクトルを用いて $k_p = k_s + k_i$ と表される[3]．短パルス発生のためには，この位相整合条件を，広帯域で満たすことが重要になる．フェムト秒パルスを用いた OPA [87] では，2 次の非線形光学効果が活性な（= 反転対称性が破れている）1 軸性結晶 (Uniaxial crystal) の複屈折性 (Birefringence) を用いて位相整合を満たすのが一般的である．広帯域位相整合の方法としては，非同軸配置を用いた位相整合 (Non-collinear phase matching) [87, 88]（図 7.3(a)）や，疑似位相整合 (Quasi-phase matching) [89, 90]（図 7.3(b)）などの，付加条件によって広帯域の位相整合が実現しやすくする方法が知られる．非同軸位相整合では，ポンプ光とシグナル光に非同軸角を付けて入射することによって位相整合の式は，$k_p = k_s \cos\alpha + k_i \cos\beta$（図 7.3(a)）となり位相整合条件が満たされやすくなる．この方法を用いて，当時世界最短の 4.7 fs 可視光パルスの発生が可能になった [88]．

また，疑似位相整合では，図 7.3(b) のような周期的分極反転電気光学結晶 (Periodically poled electro-optic crystal) を用いる．この場合の位相整合の式

---

[3] 入射光と放射光の振動数や波数ベクトルの間に成り立つこれらの関係式 ($\omega_p = \omega_s + \omega_i, k_p = k_s + k_i$) は，それぞれエネルギー保存則と波数保存則に対応する．

7.1 極短光パルスの作り方　75

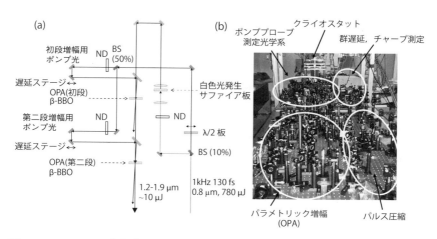

図 7.4 (a)OPA の光学系の模式図．BS; ビームスプリッター，ND; 減光フィルター．(b) 写真（写真は，パルス圧縮，群遅延測定，ポンププローブ測定などの光学系を含む）（口絵 2 参照）．

は，$k_p = K_g + k_s + k_i$ となる．ただし，$K_g = \frac{2\pi}{\Lambda}$ であり，Λ は分極反転の周期を示す．

一方，本章で述べる研究に用いた赤外 12 fs パルスは，縮退パラメトリック増幅 (Degenerate OPA) [91] によって発生させた．一般に広帯域で位相整合を満たすためには，シグナル光とアイドラ光の位相の不整合が小さくなることが必要条件となるが，β-BBO 結晶では，ゼロ分散波長（群速度分散 (Group velocity dispersion) がゼロになる波長）が，1.6 μm 付近に存在する．この波長は，波長 800 nm の光をポンプ光として用いた場合の OPA において，ω_s と ω_i がほぼ等しくなる（縮退する）条件に近いため，縮退 OPA と呼ばれる [89, 91, 92]．

実際のポンププローブ測定では，10μJ 程度のパルスエネルギーが必要なので，複数段のパラメトリック増幅が必要となる．図 7.4 に 2 段のパラメトリック増幅の光学系の模式図 [92] (a) とその写真 (b) を示す．中心波長 800 nm のチタンサファイアレーザーの一部を，サファイア板に集光することによって近赤外の白色光を発生し，それを 2 段階のパラメトリック増幅過程によって高強度化している．図 7.4(a) では，OPA（typeI）用の非線形結晶 β-BBO に，2 段のポンプ光が，それぞれシグナル光と同時に入射するように，光学系が設計されている．この縮退 OPA では波長帯域 1.3〜1.9μm の広帯域スペクトルを発生

させることができ，その後分散補正用の誘電体多層膜 (Dielectric multilayer) ミラーによってパルス圧縮 (Pulse compression) を行うと，パルス幅 11〜12 fs を実現できる．

7.1.4 自己位相変調

広帯域 OPA とともに光パルスの広帯域化技術として広く利用されているのは，自己位相変調 [85,86,93] と呼ばれる，3 次の非線形光学効果である[4]．石英 (Quartz) やサファイア (Sapphire) 結晶，光ファイバーなどの損失の小さな媒質に高強度な光パルスを入射した場合，パルス強度波形に依存して屈折率が変化し，入射パルス自身が位相変調を受ける．今，z 軸方向に伝播するガウス型の光パルスを考えると，電場の時間応答は，

$$E(t) = E_0 e^{-\Gamma t^2/2} e^{-i(\omega_0 t - kz - \phi_0)} \tag{7.4}$$

で表される．ω_0, k, ϕ_0 はそれぞれ光電場の中心周波数，波数，キャリア-エンベロープ位相（Carrier-envelope phase, CEP；ガウス関数の原点と電場振動との相対位相）である．このパルス光が物質に入射したとき，3 次の非線形光学効果まで考慮した屈折率 (Reflactive index) は，

$$n(t) = n_0 + \frac{1}{2} n_2 |E_0|^2 \exp(-\Gamma t^2) \tag{7.5}$$

となり，屈折率が光パルスの強度波形に比例した変化を示す．$n_2 \equiv 2\varepsilon_0 Re\left(\chi^{(3)}\right)$ は非線形屈折率 (Nonlinear reflactive index)，$\chi^{(3)}$ は，3 次の非線形感受率である．この時，式 (7.4) の波数 k は，$k(t) = \frac{\omega_0 n(t)}{c}$ で与えられるから，位相項は，

$$\omega_0 t - k(t) z - \phi_0 = \omega_0 t - \frac{\omega_0}{c} \left(n_0 + \frac{1}{2} n_2 |E_0|^2 \exp(-\Gamma t^2) \right) z - \phi_0 \tag{7.6}$$

となる．ここで，光パルスの角周波数は位相項の時間微分で与えられるので，

$$\omega(t) = \frac{d\Theta(t)}{dt} = \omega_0 - \frac{n_2 \omega_0 z}{2c} |E_0|^2 \frac{d}{dt} \exp(-\Gamma t^2) \tag{7.7}$$

となる．この式は，光パルスの電場振動の振動数が，パルスの前半 ($t < t_0$) では

---
[4] 3 次の非線形効果を利用した方法としては，このほかに 4 光波混合による中赤外光発生も提案されている [94,95]．

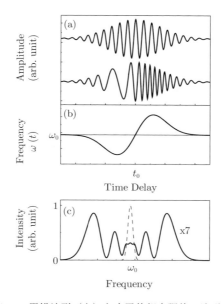

図 7.5 (a) 入射パルスの電場波形（上）と自己位相変調後の波形（下）の模式図．(b) 周波数の時間変化．(c) 位相変調後のスペクトル．点線は，入射光のスペクトル（文献 [96] より引用）．

減少し，後半 ($t > t_0$) では増大することを示している．その結果，ω_0 の両側にスペクトルが広がる．図 7.5 は，光の振動電場に実際に位相変調がかかった様子（(a) の (下)）と，その時間軸上での周波数変動 (b)，および位相変調後のスペクトル (c) を表したものである [96]．実際，この方法は，銅蒸気レーザやチタンサファイアレーザーの圧縮法として実用化されている [97, 98]．

次章（第 8 章）で用いる 6～7 fs パルスは，前項で述べたパラメトリック増幅によって発生したアイドラ光を，自己位相変調効果によって広帯域化したものである [99, 100]．パラメトリック増幅で発生するアイドラ光は，CEP が受動的に（外部制御をすることなしに）固定される[5]．したがって，CEP 安定化した広帯域パルスを得るためには，アイドラ光を用いることが本質となる．

図 7.6 に，この極超短パルス光源の光学系の模式図を示す．アイドラ光（中

---

[5] 一般のレーザーは，CEP が時間的にドリフトする．しかし，アイドラ光の位相項は，レーザーの基本波とシグナル光，それぞれの位相項の差になるので，同じようにドリフトする基本波とシグナル光の CEP は相殺する．

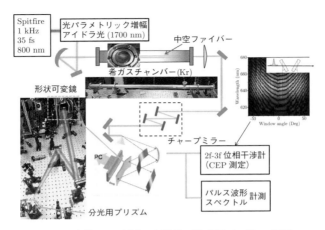

図 7.6 赤外 6 fs 光源の光学系の模式図（口絵 2 参照）.

心波長〜1680 nm, パルス幅 50 fs）を希ガス（Kr）チャンバー中の中空ファイバー (Hollow fiber) に入射し, 希ガスの自己位相変調効果によって広帯域化したスペクトルの群遅延（時間遅れの周波数依存性, Group delay）の実測値（上）と式 (7.6) を用いて行った計算値（下）を図 7.7(a) に示す [101]. ただし, 800 nm の参照光との和周波によって群遅延を測定しているため,（実測値, 計算値ともに）横軸は極短光パルスそのものの波長ではなく和周波を表示している. 時間積分した広帯域スペクトル (b) と自己相関関数 (Auto correlation function) (c)[6] を見ると, スペクトルは 1200〜2100 nm に渡って広がっており, 自己相関幅は約 100 fs（パルス幅〜60 fs）程度ある. これらのスペクトルやパルスの形状は, おおよそ式 (7.6) を用いて再現されている（実線；実測値, ◯；計算）. こうして得られた広帯域パルスを, 分散補正用チャープミラー (Chirped nirror) と形状可変鏡 (Deformable mirror) を用いたパルス圧縮によって 6 fs のパルスを得る. (d)(e) は, チャープミラーと形状可辺境を用いたパルス圧縮によって得られた 6 fs パルスの群遅延と自己相関関数（相関幅 9 fs）である.

---

[6] パルスの波形や幅を評価する際には, 通常そのパルスよりも十分に短い時間幅のプローブが必要となる. しかし, それが存在しない場合, 自分自身との相関関数を第二高調波発生などの非線形応答として観測する. 自己相関関数は, 元のパルス波形を $I(t)$ とすると, $A(\tau) = \int_{-\infty}^{\tau} I(t)\, I(t - \tau)\, dt$ で与えられる.

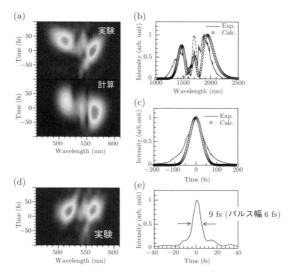

図 7.7 (a) 自己変調変調による群遅延時間(横軸は 800 nm 光との和周波)の実測値と計算．(b) スペクトル実測値(実線)と計算(○)．(c) 自己相関関数．(d) パルス圧縮後の群遅延の実測値．(e) パルス圧縮後の自己相関関数の実測値 [101]．

7.2 極超短パルスで光誘起相転移の何がわかるのか？〜価数制御モデルを超えて〜

　第 3 章で述べたように，モット絶縁体や電荷秩序絶縁体は，サイト内やサイト間のクーロン反発によって局在した電荷が，分子上に規則的に配列する現象である．一般に，$1/n$ フィリング(n 整数)で占有数が表されるとき，電荷は，等間隔の局在分布パターンを形成することによって静電的なバランスを保つことができる．モット絶縁体($1/2$ フィリング)，電荷秩序($1/4$ フィリング)は，その最も基本的な例である．フィリング制御による絶縁体-金属転移は，n を整数からずらすことによって，この等間隔の電荷分布パターンを不安定化させることに対応する．光励起は，正負電荷の対を物質中に生じるので，本当の意味でのキャリアドープではないが，電子と正孔それぞれのバンドに着目するならば，励起光子の数だけバンドの占有数が変化するとみなすこともできる．しかし，第 4 章で学んだように，光励起の"瞬間"に起きていることは，高周波の電

子分極であって，静的なキャリアの再配置ではない．振動電場によって強制的に揺り動かされた電子が，電荷秩序の融解にどうつながっていくのか，光の電場振動の 2～3 周期に対応する極短赤外パルス（中心波長 1.5 μm，パルス幅 12 fs）を用いて捉えた，光励起直後の電子の運動について議論したい [102, 103]．

7.3 見えてきた初期過程；光が物質を変える瞬間の超高速スナップショット

7.3.1 広帯域スペクトルで励起するとはどういうことか？

第 5 章で述べたポンププローブ測定において，ポンプ光エネルギーは $0.89\,\mathrm{eV}$ であった．このエネルギーは，分子間の電荷移動励起による反射構造の高エネルギー側に相当する．しかし，そのエネルギー幅（～0.2 eV）は，100 fs パルスの場合（～20 meV）に比べおよそ 1 桁も広く，もはや孤立準位の共鳴励起 (Resonant excitation) ができる状況ではない．理論計算によれば，強相関電子系，特に 2 次元電子系では，図 7.8(a) にみられるブロードな光学伝導度スペクトルは，電子間相互作用の効果によって多数の固有状態間の遷移が数多く存在することに由来している [57]．同じ図に示した 12 fs パルスの広帯域スペクトルによってそれらを同時に励起することは，多数の電子固有状態の干渉として，電子を時間軸上で駆動していることにほかならない．つまり，強相関電子系に特有の高速な電子応答を見るためには，広帯域のパルスで励起することが本質となる．これは高い時間分解能で測定を行う，と言うのとのまったく等価である．

図 7.8(b) の○印は，100 fs パルスを用いた測定で観測された，光誘起絶縁体-金属転移に伴う反射率変化である（第 5 章を参照）．12 fs 赤外パルスのスペクトルは，光誘起絶縁体-金属転移を特徴づける～0.7 eV の反射率減少を捉えることができる．図 7.8(c) に，12 fs 赤外パルスを用いて測定した，光誘起反射率減少の時間発展プロファイルを示す．図中に示したポンプ光とプローブ光の相互相関関数 (Cross correlation fuction) は，時間分解能の目安（～15 fs）を表す．図 7.8(c) に示した時間プロファイルのうち真ん中の，20 K, $I_{ex} = I_0$ のものには，この時間分解能と同程度の極めて速い立ち上がりに加えて，やや遅い～200 fs の増加成分が観測される．また，この図からは明確に判別できないが，このプロファイルには小さな振動変調が存在する．図 7.9(a) は，フーリエ

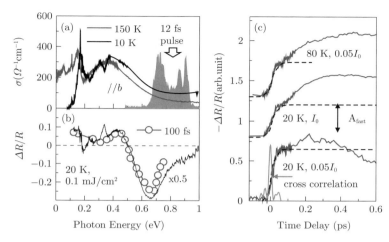

図 7.8 (a) α-$(ET)_2I_3$ の光学伝導度スペクトルと,12 fs パルスのスペクトル (b) 100 fs パルスで測定した過渡反射スペクトル,(c)12 fs パルスを用いた α-$(ET)_2I_3$ のポンププローブ測定の結果(反射率変化の時間発展).プローブエネルギーは,0.7 eV.励起強度は,I_0 =003 mJ/cm^2 を単位として表してある(文献 [102] より引用).

フィルター (Fourier filter) によってこの振動成分 (>200 cm^{-1}) を抽出したものである.振動の波形には,周期 18 fs (1800 cm^{-1},図 7.9(a)-(i)),22 fs (1500 cm^{-1},図 7.9(a)-(iii)),40 fs(790 cm^{-1},図 7.9(a)-iv) の 3 種類の振動が順次現れる.18 fs や 22 fs の振動の減衰時間が短いことは,それらのモードが互いに,あるいはほかのモードと強く相互作用していることを示唆しており,電子や原子の状況が劇的に変化する光誘起相転移に特有な振る舞いとも考えられる.

7.3.2 時間軸振動のウェーブレット解析

図 7.9(b) は,図 7.9(a) の振動波形をウェーブレット変換 (Wavelet transform) [104] を用いて解析したスペクトログラム(Spectrogram,振動の周波数と時間の関係)である[7]).このスペクトログラムは,励起直後 (<200 fs) において,振

---

[7]) ウェーブレット解析は,振動波形のスペクトルの時間変化を解析するために用いられる方法である.同様な解析法に窓フーリエ解析 (Window Fourier analysis) があるが,窓フーリエ解析では,時間分解能を決める窓関数の幅に含まれる波のサイクル数によって,周波数分解能が制限される.そのため,同一の時間幅の窓関数に対しては,(低周波よりも高周波の方が窓に含まれるサイクル数が多いので)周波数分解能が高くなるという性質がある.一方,ウェーブレット変換では,(フーリエ変換における sin,

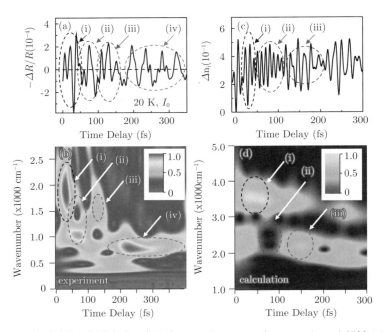

図 7.9 反射率変化の振動成分の時間プロファイル (a)(b) とウェーブレット解析 (b)(d) によって求めたスペクトログラム．(a)(b) 実験，(c)(d) 理論（文献 [102] より引用）（口絵 3 参照）．

動のエネルギーが，$1800 \sim 790 \text{ cm}^{-1}$ へと，時間の経過に伴って激しく変化していることを明瞭に示している．図 7.10(b)-(e) は，スペクトログラムを特定の時間で切り出した時間分解振動スペクトルである．これらのスペクトログラムや時間分解振動スペクトルから，電子や原子の動きを見ていくことにしよう．

7.3.3 はじめの 30 fs：電子のコヒーレント振動

励起後 30 fs よりも短い時間領域（図 7.9(a)，7.9(b) の (i)，図 7.10(b)）では，周期 18 fs の時間軸上の振動 (1800 cm^{-1}) に対応する，幅の広いスペクトルが

---

cos 関数の代わりに）マザーウェーブレット (Mother wavelet) と呼ばれる局在振動関数を用いて展開する．この場合は時間分解能も，周波数分解能も，用いるマザーウェーブレットが含むサイクル数で決まり，周波数にはよらない．このことから，解析対象の時間波形が広帯域の振動を含む場合には，窓フーリエ解析よりもウェーブレット解析のほうが適している．当然のことながら，両者ともフーリエ限界を超えているわけではない．

7.3 見えてきた初期過程；光が物質を変える瞬間の超高速スナップショット　　83

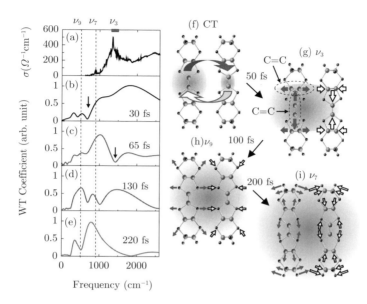

図 7.10 (a) 光学伝導度スペクトル (10 K)，(b)-(e) スペクトログラムから切り出した時間分解スペクトル，(f)-(i) 電荷と分子振動モードの変化の模式図（文献 [102] より引用）．

観測される．このようなブロードなスペクトルの幅は，18 fs 振動が，わずか2周期程度で速やかに減衰してしまうことに対応している．このギャップ的（図7.10(b) 中 ↓）なスペクトル構造を持つブロードな形状は，図 7.10(a) に示した電荷秩序状態 (10 K) の光学伝導度のスペクトルによく似ている．したがって，時間の初期 (<50 fs) に観測される 1800 cm^{-1} の振動は，電荷秩序ギャップを反映した電子のコヒーレント振動（図 7.10(f)）を時間軸上で直接捉えたものと考えることができる．光誘起相転移の初期過程において，このような電荷秩序ギャップに対応する電子のコヒーレント振動を時間軸で捉えたのは，筆者の知る限りこれが初めての例である．

米満らによれば，この電荷秩序ギャップ近傍の光学遷移は，図 7.11 に示すように，遷移積分の大きな電荷過剰 (Charge-rich) サイト (A, B) 間（赤点線）や過剰サイト (B) と欠乏 (Charge-poor) サイト (A') 間（緑点線）の電荷移動からの寄与が大きい [103, 105]．したがって，観測された実時間振動もこれらの電荷移動に対応すると考えるのが自然だろう [102, 103]．後で述べるように，この振動

が観測される時間帯 (<50 fs) は，ちょうど反射率変化の速い立ち上がり成分と対応しており，光誘起絶縁体-金属転移の初期プロセスが，電子のコヒーレント振動によってドライブされていることを示している．

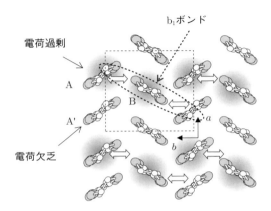

図 **7.11** α-(ET)$_2$I$_3$ の 2 次元分子配列と電荷秩序パターン．A-B および B-A' 分子間 (b_2 ボンド) の移動積分が大きい．

7.3.4 〜50 fs：電子と分子内振動の破壊的干渉

励起後〜50 fs (図 7.9(a), 7.9(b) の (ii)，図 7.10(c)) の時間領域では，図 7.10(c) で観測されるブロードな電子スペクトルの真ん中に，図 7.10(c) のようにへこみが現れる．このへこみのエネルギーは，分子内振動 (ET 分子の C=C (炭素二重結合) 伸縮振動，図 7.10(g)) のエネルギーに対応するので，電子と分子内振動のファノ干渉によるものと解釈できる [102, 103])．光励起の直後に観測される電荷の振動は電子-格子相互作用によって分子内振動に伝えられるが，その際，格子の運動には "遅れ" が，位相差として生じる．このような位相差のある電子と格子振動の破壊的な干渉 (Destructive interference) が，図 7.10(c) に見られるへこみを与えている[8]．

---

[8] 最近の研究によれば，この電子と格子の位相差には，以下に述べるようにより興味深い理由があるのかもしれない．励起の瞬間には，電子系には大きなエネルギーが注入されており，光と物質を全体として見ればエネルギーが高い方が安定になる．このことは基底状態において，エネルギーが低い方が安定であるのとはまったく逆である．この解釈に従えば，エネルギーを上げるために，位相が逆になるように格子が動き始めることもあり得る [106]．

7.3　見えてきた初期過程：光が物質を変える瞬間の超高速スナップショット

このスペクトルのへこみが，励起直後ではなく，およそ 50 fs の後にスペクトル上に現れることは，電荷のコヒーレント振動が，（定常状態のランダムな）分子振動に影響を与え始めるまでに有限の時間が必要であることを示している．このような"遅れ"が，電子-格子相互作用のはじめの瞬間として観測される理由は，ポンプ光 (0.89 eV) が電荷のみに共鳴しているためと理解できる．すなわち，励起によって生成された電子分極（周期～5 fs）は，電子の散乱過程を経て上記の電子振動（周期 18 fs）を生じ，さらに格子との相互作用を始めるものと考えられる．ところで，ファノ干渉として観測された ET 分子内の C=C 伸縮振動は，振電相互作用（Vibronic interaction または，Electron molecular vibration(EMV) coupling）が強く，ET 分子の価数の変化に対して極めて敏感であることがよく知られている [58, 107]．これらのモードは，本来，全対称モード (Totally symmetric mode) でありラマン活性 (Raman active) だが，例えば図 7.10(g)(h)(i) のように，電子との相互作用によって隣接する分子の分子内振動が逆位相で互い違いにゆれることにより，赤外活性となっている．数多く存在する分子内，分子間振動モードの中で，電子と強く結合している C=C 伸縮モード（図 7.10(g)）が，まず選択的に励起されたことは至極当然なことと納得できる．

　上記のような定性的な解釈とは別に，電子の多体効果や C=C 伸縮振動，を拡張ホルシュタイン-パイエルス-ハバード・モデル (Extended Holstein-Peierls-Hubbard model) の枠内で取り入れて，時間依存シュレーディンガー方程式を数値的に解いた実時間シミュレーションも行われている [102, 103]．図 7.9(c)，7.9(d) にその結果を示した．実験結果に対応する電荷の振動 (i)，分子内振動 (iii) 電荷-振動間のファノ干渉 (ii) が再現されている．

7.3.5　>130 fs：コヒーレント分子内振動

　励起後 130 fs（図 7.9(a)，7.9(b) の (iii)，図 7.10(d)）において，破壊的干渉によるスペクトルのへこみはすでに消滅し，それに代わって C=C 伸縮振動のピークエネルギー近傍にブロードなピーク構造が現れる．このブロードなピーク構造は，電子のコヒーレンスが速やかに失われた後，分子内振動のコヒーレンスのみが保持されていることを示している．しかし，この C=C 振動も 220 fs までに減衰し，同時に，ほかの分子内振動 (500 cm^{-1} → ν_9(ブリージングモード (breathing mode), 508 cm^{-1}，図 7.10(h))，820 cm^{-1} → ν_7(図 7.10(i)) が

モード	結合定数
ν_3	0.746
ν_9	0.476
ν_8	0.192
ν_2	0.165
ν_6	0.140
ν_7	0.117
ν_4	0.102
ν_5	0.063
ν_{10}	0.050
ν_{12}	0.041
ν_{11}	0.025
ν_1	0.022

図 **7.12** ET 分子の EMV 結合定数 [107].

現れる（図 7.9(a)，(b) の iv，図 7.10(e)）．これらのモードもまた，振電相互作用の結合定数が比較的大きいモードである [107]．図 7.12 に単一の分子（ラジカルカチオン，radical cation）において計算された，$\nu_1 \sim \nu_{12}$ モードに対する EMV 結合定数を示す．すでに述べたように電荷と C=C 伸縮振動 (ν_3) の相互作用は圧倒的に強い，それに準ずるのは，分子全体が "呼吸" するように広がったり縮んだりするブリージングモード (ν_q) の振動である．各モードの結合定数は，$\nu_3 > \nu_9 > \nu_7$ の順に大きいが，この順序が，各モードが現れる順番と一致していることも偶然ではないだろう．いずれにしても，分子内振動が，局所的な C=C 伸縮振動 (ν_3) から，ブリージングモード (ν_9) などの，より分子全体に広がったモードへ，次々と移っていくという結果は，これらの振動が，電子状態が局在（電荷秩序）から非局在（金属）へと変化することによって励振されているという解釈とうまく符合する．

電子-格子振動間のファノ干渉や，時間軸上のコヒーレントフォノンは，すでに半導体でも観測されている [108]）．しかし，ここで見られるような，異なるモードが次々に現れては消える特徴的な振る舞いは，電子状態が，刻一刻と変

化していく強相関電子系における光誘起相転移ならではの現象と言えるのではないだろうか．

7.4 電子間相互作用と電子格子相互作用の役割

次に，これらの電子や原子の振動が，光誘起絶縁体-金属転移においてどのような役割を果たしているのか？という点を考えてみよう．以下では，反射率変化の速い（～15 fs ＝ 時間分解能）立ち上がりと遅い（～200 fs）立ち上がりの起源を，励起強度依存性や温度依存性から考察するとともに，各振動成分との関係を時間軸上で比較する．図 7.8 に示した，反射率変化の応答を

$$R = \int_{-\infty}^{+\infty} A_{fast}[1 - \exp(-t/\tau_r)]G(t-t')dt' \tag{7.8}$$

を用いて解析し，初期応答の立ち上がり時間 τ_r を評価するとおよそ 20 fs という値が得られる．この超高速応答は，電子のホッピングの時間スケールに対応し，またこの立ち上がりの時間領域では，電荷の振動が観測されることから，初期応答は電子的な起源によるものと考えるべきである．一方，それに続いて進行する～200 fs のやや遅い立ち上がりは，以下に述べる温度依存性や励起強度依存性から，初期応答によってできた微視的な金属状態が，凝集や増殖などの協力現象を経て，より巨視的な安定状態へと至るプロセスと解釈できる．すなわち，励起強度 I_{ex} =0.05I_0（図 7.8(c) の下）においては，20 fs の高速成分が支配的であるのに対し，$I_{ex} = I_0$（図 7.8(c) の真ん中）では，遅い成分の比率が顕著に増大する．また，励起強度が低い場合でも，転移温度により近い 80 K（図 7.8(c) の上）では，同様に遅い成分の増大が認められる．この～200 fs の立ち上がりは，分子内振動が観測される時間領域に対応することから，分子の変形や変位を伴っていると考えられる．

以上の議論から，微視的な金属ドメインの生成を反映する 20 fs の初期応答は，電子の振動によって駆動される電子応答であることがわかった．電荷秩序の光融解（光誘起絶縁体-金属転移）の初期過程において，こうした電子のコヒーレンスが維持されていることは，このプロセスが，静的な描像（光キャリアドープ）などではなく，むしろ電子のコヒーレント振動という，よりダイナミックな描像によって記述するべきであることを示している．互いに反発しあって凍

結している電子は，光の電場によってコヒーレントな振動（周期 18 フェムト秒）を始め，この振動によって金属状態への融解が始まるのである．

　以上の結果は，光誘起相転移において，光-電子-原子間の相互作用の素過程を実時間で捕らえた初めての例と言える．"強相関電子系の光応答の初期ダイナミクスは，何を測ってもとにかく速い（でも何もわからない！）"と言われてすでに久しいが，電子の運動エネルギーやクーロン反発エネルギーの逆数に対応するパルス幅の測定によって，ようやく電子の動きが見えてきた．ここで，注目したいことは，電子のコヒーレンスが，数十フェムト秒という短い時間とは言え，保たれているということである．その数十フェムト秒の間に，電子のみを光で制御できれば，光による固体の電子操作を温度上昇や，構造変化の呪縛から解くことができるかもしれない．次節では，パルス幅 7 fs の 1.5 サイクル赤外パルスを用いることによって，10 MV/cm という極めて強い光電場を物質に印加し，格子が動き始める以前の一瞬の間に，固体中の電子を制御するという新しい試みについて紹介する．

第8章 瞬時強電場が拓く固体のコヒーレント極端非平衡

　気相の原子では，レーザー光の照射によって原子が"止まる"という現象（レーザー冷却 (Laser cooling)）が知られている．一方，固体中の電子には様々な相互作用が働いており，光励起によって電子に与えられる運動量やエネルギーはすぐに，ほかの自由度（スピンや格子）へと散逸してしまう．したがって，気相原子の系のように，光によって直接的に電子を駆動，制動することはそれほど簡単ではない．しかし，第3章で述べたように固体中の電子の運動は，電子軌道間の相互作用によるものであり，この相互作用を変調することで電子の運動を操作することも原理的には可能となる．理論研究によれば，極めて強い光の振動強電場によって，電子の運動を凍結させたり，電子間相互作用の符号を反転させるなど，我々の常識とはまったく異なる世界が展開することが予想されている．このような光をまとった電子（連続場の下ではフロケ (Floquet) と呼ばれる）状態の生成は，物質をどのような極端非平衡状態へ導くのだろうか．本章では，前章までに述べてきた光誘起相転移とは少し離れて，このような極端非平衡状態を介した物質の光制御の可能性について述べたい．

8.1 フロケ状態

　まず，原子系（正に帯電した原子核の引力ポテンシャル中の電子）の話から始めよう [109,110]．摂動論では扱えない強い振動（連続）電場下の電子は"光をまとった電子"としてフロケ状態と呼ばれている．強い振動電場を印加された電子は，ポンデアモーティブエネルギー (Pondermotive energy) と呼ばれるサ

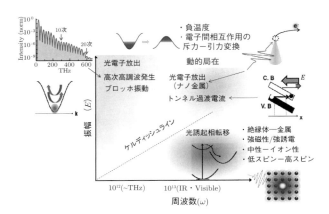

図 8.1 極端非平衡現象を振動電場の周波数 ω と振動振幅 E によって分類した図 [111].

イクル平均エネルギー $U_p = \frac{e^2 E_0^2}{4m_e\omega^2}$ を得る[1]. つまり電子は，振動電場によって実効的なポテンシャルエネルギーを得ることができる．実際，原子に束縛された電子のイオン化エネルギー I_p は，強い光の下では $I_p + U_p$ となることが知られている．しかし，その一方，このような強電場下では，通常とは異なるイオン化のメカニズム（トンネルイオン化 (Tunnel ionization)）が支配的になる．すなわち，強電場によって電子の束縛ポテンシャルが歪むために，仮に光子エネルギーがイオン化エネルギーよりも著しく小さい場合でもイオン化が可能となる．このトンネルイオン化過程は，最近では，高次高調波発生 (High-haramonic generation) によるアト秒 X 線 (Atto second X ray) 発生の初期過程としても精力的に研究が行われている [110][2]. トンネルイオン化が起こる大雑把な目安は，「U_p がその系の支配的なパラメータと比較して無視できない程度になる」という意味から，原子系の場合は，$U_p > I_p$ と言われている．しかし，これはあくまで目安であって，電場による束縛ポテンシャルの変形を考慮しないと正しく評価することはできない．

---

[1] 質量 m，初速 v_0 の電荷 e に $E(t) = E_0 \cos\omega t$ の振動電場が印加された場合の電荷の古典的な運動エネルギーは，$\frac{1}{2}mv_0^2 + \frac{ev_0 E_0}{\omega}\sin\omega t + \frac{e^2 E_0^2}{2m\omega^2}\sin^2\omega t$ であるが，この式の第 3 項を電場の振動周期で時間平均すると，U_p が得られる．

[2] ただし，実際のアト秒 X 線発生は，連続場ではなく，数サイクルのパルス電場によって駆動される 3 ステップモデル (3-Step model)（トンネルイオン化，加速，再結合）によって解釈されている．

固体中には多数の電子が存在し，さらに複雑な相互作用が働いているので事態はより面倒になるが，イオン化エネルギーを，バンドギャップエネルギーや励起子結合エネルギーなどの固体の励起状態を特徴づける物性パラメータに置き換えた定性的な議論をしてみよう [111]．図 8.1 は，強電場下における固体の非平衡現象を，振動電場の周波数 ω と振動振幅 E によって整理した模式図である．原子系の光強電場効果は $U_p > I_p$ という条件から，ケルディッシュライン (Keldysh line) $E = \sqrt{2I_p m_e}\frac{\omega}{e}$ より上側のエリアで実現する．U_p は，ω^2 に逆比例するので，高周波数ほど強電場効果を実現させるのが難しい．固体では，電子と正孔の距離=励起状態の相関長 ξ を用いて，ケルディッシュラインを $E \sim \frac{\omega}{\xi}$ と読み変えることができる [111]．近年の高強度テラヘルツ，赤外光の技術発展により，電子構造が比較的単純な半導体や金属では，光電場による超高速過渡電流や過渡吸収 [112,113]，高次高調波発生 [114,115] や金属ナノ構造からの光電子放出 (Photoemission) [116] などがすでに報告されている．

一方，振動強電場による物性パラメータの変化としては，30 年前に動的局在 (Dynamical localization) と呼ばれる電子のサイト間ホッピングの抑制 (Hopping renomarization) が提案されて以来，理論研究は行われてきたが，対応する実験は皆無であった．動的局在については次節で詳しく説明するが，第 3 章で述べた強束縛模型において電子のホッピング（移動積分）が強電場効果によって減少し，ある特定の電場強度では 0 になるという非摂動効果である [117–119]．直感的には，図 8.2 に示すように，電場の印加方向があまりにも短い時間で左右に切り替わるので電子はどちらにも動けなくなってしまうとイメージすることもできる．

動的局在は，高周波強電場による効果としては最も基本的なもの 1 つであるが，近年の動的平均場理論 (Dynamical mean field theory: DMFT) による取り組み [111,120,121] や分子内外の自由度を考慮したハートリーフォック (Hartree-Fock) 近似の計算 [122]，厳密対角化 (Exact diagonalization) を用いたクラスター計算 [106,123] では，さらに電子相関に対する効果も考慮して，負温度状態 (Negative temperature)，電子間相互作用の斥力引力変換 (Repulsive-attractive conversion) など定常状態やその周辺ではありえない新奇な物性を予測している．

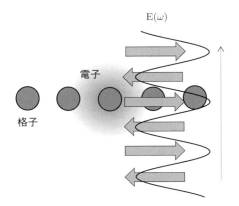

図 **8.2** 振動電場による電子の局在化のイメージ.

8.2 動的局在

本節では，高周波強電場による代表的なフロケ現象である動的局在に関してもう少し詳しく説明しておこう．動的局在は 30 年以上前に提案された理論である [117–119]．第 4 章で述べたように，強束縛近似で表される電子状態に対する光電場の効果は，ベクトルポテンシャル $\bm{A}$ を用いて

$$H = -\sum_{ij} t_0 \left[c_i^+ c_j e^{i\frac{e}{\hbar c}\bm{A}\cdot(\bm{R}_i-\bm{R}_j)} + c_j^+ c_i e^{-i\frac{e}{\hbar c}\bm{A}\cdot(\bm{R}_i-\bm{R}_j)} \right] \tag{8.1}$$

である．ただし，式 (4.24) の右辺第 1 項と第 2 項で，$t_{i,j} = t_{j,i} = t_0$ とした．$C_i(t)$ が従う時間依存シュレーディンガー方程式 (Time-dependent Schrödinger equation) は，

$$\hbar \dot{C}_i(t) = \sum_j t_0 e^{i\frac{e}{\hbar c}\bm{r}_{ij}\cdot\bm{A}(t)} C_j(t) \tag{8.2}$$

と書ける．今，$\bm{E}(t) = \bm{E}_0 \cos\omega t$ とし，振動電場の周期 $T = \frac{2\pi}{\omega}$ 程度の時間スケールで電子の運動を見るために，移動積分を振動電場の周期で時間平均すると，式 (8.2) は，

$$\begin{aligned}\hbar \dot{C}_i(t) &= \sum_j \int_{t'}^{t'+T} t_0 e^{i\frac{e}{\hbar c}\bm{r}_{ij}\cdot\bm{A}(t)} C_j(t) dt' \\ &= \sum_j t_0 J_0\left(\frac{e\bm{r}_{ij}\cdot\bm{E}}{\hbar\omega}\right) C_j(t) = \sum_j t_{\text{eff}} C_j(t)\end{aligned} \tag{8.3}$$

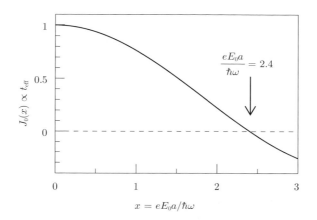

図 8.3 振動電場により変調を受ける移動積分（有効移動積分 t_{eff}）．

となる．ここで，t_{eff} は，周期 T で変動する移動積分を平均した有効移動積分 (Effective transfer integral)

$$t_{\text{eff}} = t_0 J_0 \left(\frac{e\bm{r}_{ij} \cdot \bm{E}}{\hbar \omega} \right) \tag{8.4}$$

である（J_0 は 0 次のベッセル関数，0th order Bessel function）．ただし，電場 $\bm{E}(t)$ に対して，ベクトルポテンシャルは，$\bm{A}(t) = -c \int_0^t \bm{E}(t')\,dt'$ で定義される．図 8.3 に示すように，0 次のベッセル関数 $J_0(x)$ の値は x の増加に伴い 0 をまたいで振動するため，適切な E_0 と ω の振動電場を印加することで $J_0(eE_0a/\hbar\omega) = 0$ とすることができる（ただし，a はサイト間距離の偏光方向成分）．$J_0(x) = 0$ となるのは $eE_0a/h_{\hbar}\omega = 2.4$ のときであり，このとき電子が局在化する．これが本来の意味での動的局在である．

ここで，式 (8.2) の意味をわかりやすくするために

$$C_j(t) = e^{-i\frac{e\bm{r}_j \cdot \bm{A}(t)}{\hbar c}} a_j(t) \tag{8.5}$$

と変数変換（ゲージ変換 Guage transformation）を行うと，

$$i\hbar \dot{a}_i(t) = \sum_j t_0 a_j(t) + e\bm{r}_i \cdot \bm{E}(t)\, a_i(t) \tag{8.6}$$

と書き換えることもできる．第 1 項は，電場がかかっていない場合の強束縛近

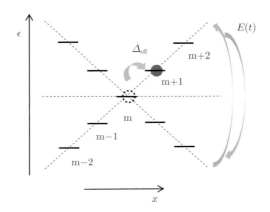

図 8.4 式 (8.6) の模式図. 振動電場 $E(t)$ によって i サイトのエネルギーが $e\bm{r}_i\bm{E}(t)$ 変化する.

似における電子のサイト間の移動を表す項であり，第2項は，図 8.4 に模式的に表すように，電場 $\bm{E}(t)$ によって i サイトのエネルギーが $e\bm{r}_i\cdot\bm{E}(t)$ だけ変化することを意味している．この理論は電場が DC 場の場合にはワニエ-シュタルク局在 (Wannier -Stark ladder) に一致する．しかし，振動電場下では，$t_{\rm eff}$ は時間変化する移動積分の平均値として求められる．

このような高強度光による電子のホッピングの抑制は，第4章で述べた通常（光がそれほど強くない場合）の励起状態とは何が異なるのだろうか．式 (4.24) において，パイエルスの位相を展開して第1項のみをとり，そのハミルトニアンを用いて，時間に関するシュレーディンガー方程式を解けば，弱い電場下での光励起状態を記述できる．一方，式 (8.6) では，パイエルスの位相をそのまま扱った．この違いを，図 8.5 のように，複素平面上に描いたパイエルス位相 $e^{i\frac{e}{\hbar c}\bm{A}(t)\cdot(\bm{R}_i-\bm{R}_j)}=e^{i\phi(t)}$ の模式図を使って説明してみよう．電場がないときの状態を実軸上にとると，振動電場（ベクトルポテンシャル $\bm{A}$）の時間的変動によって $\phi(t)$ は 0（実軸）のまわりを振動する．式 (8.3) に示すように，$\bm{A}(t)$ による $\phi(t)$ の高周波の変動は，平均として $t_{\rm eff}$ に繰り込まれる．電場強度が小さい場合（図 8.5(a)），図から明らかなように $t_{\rm eff}$ は t_0 と変わらないが，電場の振幅が大きくなると（図 8.5(b)），$t_{\rm eff}$ は減少する．通常の光励起は前者の振幅が小さい場合に対応し，後者が動的局在を表している．

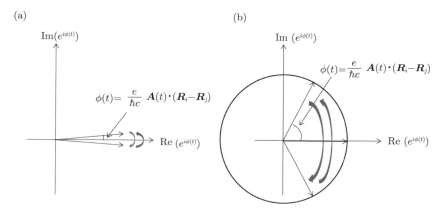

図 8.5 パイエルス位相の時間変化の模式図.

8.3 光による電子の局在は可能か？

強い高周波振動電場によって，原理的には固体中の電子の運動を抑制できることがわかった[3]．では，実際に動的局在を起こすために必要な電場強度を式 (8.4)（図 8.3）から見積もってみよう．式 (8.4) におけるベッセル関数の引数は，$\frac{eE_0 a}{\hbar \omega}$ であり，この値が 2.4 のとき，電荷は完全に局在する．$\hbar\omega = 1\,\text{eV}$，サイト（分子）間距離として 5Å を想定したとき，$eE_0 a/\hbar\omega = 2.4$ を満たす電場強度は 50 MV/cm となる．連続光の強度で表すと 3.3 MW/cm^2 であり，これはレーザー加工やレーザー溶接に用いられる光強度に匹敵する．移動積分の値が 10% 程度減少する程度でも，やはりあらゆる物質の損傷閾値をはるかに超えてしまう．つまり，連続（CW）光源で動的局在などのような強電場効果を起こすことは現実的には不可能と言える．

一方，最近の短パルスレーザー技術の展開は，波長 1～2μm の近赤外光領域において，パルス幅<10 fs の極限的な短パルス光の発生を可能にした．この波長領域では，電場振動の 1 サイクルが 4～5 fs 程度なので，数フェムト秒のパルスは，電場振動の 1～2 サイクルに対応する．最近，このような単一サイクルに近い極限短パルスを用いることによって，試料表面に瞬時電場数十～百 MV/cm

---

[3] 正確には光の偏光方向の電子の運動を凍結できる，という意味．

を印加させる試みが始まっている．こうした短パルスを用いる利点は，光の照射をごく短時間に集中できることによって，物質を損傷させることなく瞬時強電場を印加できることである．

しかし，フロケ理論や動的局在は，連続（CW）場に対する概念であり，単一サイクルに近い極短パルスにおいては，本来異なるアプローチが必要なことに注意しなければならない．しかし，式 (8.4) の意味は，電場の振動周期内の移動積分の変動を平均化することであり，この概念自体は1サイクル以上のパルスであれば有効なはずである．この問題に関しては，少なくとも理論的には現在検討が行われており，いくつかの数値計算の結果からは，クーロン斥力の下でパルス光強電場による電荷の局在傾向が示されている [111, 120–123]．本書では，これも含めて動的局在と呼んでいるが，（関係する現象ではあるが）本来の意味とは異なる．

次節では，強相関電子系の二次元有機伝導体 α-$(ET)_2I_3$ において最近観測された，光強電場による電荷の局在の例について紹介したい [124]．この物質は，第5章で電荷秩序の融解，すなわち，光誘起絶縁体-金属転移の対象物質として用いられたものであるが，ここでは，高温相である金属状態に光を照射する．

8.4　2次元有機伝導体における電荷局在と秩序形成

8.4.1　金属-絶縁体転移によるスペクトルの変化

図 8.6(a) に α-$(ET)_2I_3$ の光学伝導度スペクトルを示す．すでに第5章でも述べたように，この物質の金属から絶縁体への転移（転移温度 T_{CO} =135 K）は，〜0.1 eV の電荷秩序ギャップと，スペクトル重率の低エネルギー側から高エネルギー側への移動によって特徴づけられる．伝導度スペクトルは，ギャップ近傍のみならず，〜0.8 eV まで広範囲に変化する．このような広範囲のスペクトルの変化は，反射率 (R) でも同様に観測することができて，図 8.6(b) のように，低エネルギー側（0.09 eV）の反射率減少と高エネルギー側の反射率増加（0.64 eV）のいずれも 50% 以上にも及ぶ巨大な変化を示す．幸いなことに，図 8.6(a) に示した我々の 7 fs パルスのスペクトルは，金属-絶縁体転移による 0.6 eV 近傍の反射率の増大を検出することができる．

図 8.6(c) は，反射スペクトルの温度差分（$\Delta R/R$）を示す．140 K（転移温度

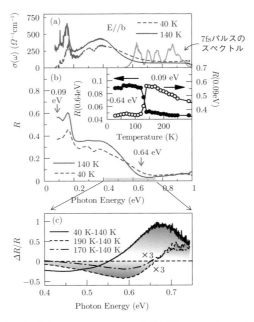

図 8.6 (a) 定常光学伝導度スペクトル，(b) 定常反射スペクトル，挿入図は，0.09 eV と 0.64 eV における反射率の温度依存性，(c) 異なる温度における反射スペクトルの差分（$\Delta R/R$）（文献 [124] より引用）．

$T_{\rm CO} = 135$ K の直上）から低温側へ $T_{\rm CO}$ をまたぐと，絶縁体から金属への転移が起きて反射スペクトルが変化する．このとき，差分スペクトルは，実線のようになる．一方，光の照射によって温度が上昇した場合には，破線や一点鎖線のような差分スペクトルが観測される．つまり金属から絶縁体への変化と温度上昇では観測される差分スペクトルの形状がまったく異なり，特に近赤外領域（〜0.6 eV）では，両者の符号が異なる．すなわち，金属から絶縁体への変化によって反射率は増大するのに対し，温度上昇の場合には，反射率が減少する．

8.4.2　7 fs パルスで見た瞬時強電場効果

図 8.7 (a) は，7 fs パルスで励起した後 30 fs における強励起（0.8 mJ/cm^2，△）と弱励起（0.12 mJ/cm^2，○）および 300 fs 後（強励起，0.8 mJ/cm^2，●）の過渡差分反射スペクトルである [124]．30 fs において観測される強励起の過渡スペクトルは，>0.6 eV で反射率の増加を示しており，その形状は図 8.6(c) に

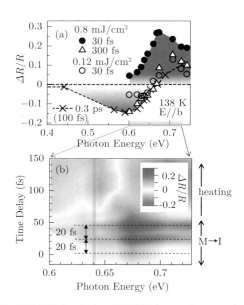

図 8.7 (a) 各時刻, 各励起強度における過渡反射 (ΔR/R) スペクトル (● 0.8 mJ/cm^2, 30 fs, △ 0.8 mJ/cm^2, 300 fs, ○ 0.12 mJ/cm^2, 30 fs), ただし, ×印は, 100 fs パルスを用いて測定された過渡スペクトル, (b) 過渡スペクトルの時間発展. (文献 [124] より引用)(口絵 4 参照).

示した, 金属から絶縁体への相変化の差分スペクトルに対応する. しかし, このスペクトル形状はすぐに消滅し, 300 fs 後には温度上昇に対応するスペクトル形状へと変化することがわかる. また, 弱励起 (0.12 mJ/cm^2) の場合には, 30 fs 励起直後においても温度上昇を示すスペクトルの変化のみが観測され, 絶縁化の兆候はみられない.

図 8.7(b) に, 強励起 (0.8 mJ/cm^2) におけるより詳細なスペクトル形状の変化を, プローブ光のエネルギーと励起後の遅延時間の関数として 2 次元プロットした [124]. 青い領域が反射率の増大, 赤い領域が反射率の減少を示す (口絵 4 参照). 絶縁化を示す反射率変化が観測されるのは, 励起後〜50 fs の間のみで, その後は温度上昇を反映する形状へと移行している様子が見て取れる. また, 注目すべきことに, "絶縁化" を示す反射率増加の信号強度は, 点線で示すように, 周期〜20 fs で時間軸に対して振動しているように見える.

このような超高速時間領域における金属-絶縁体転移を議論することの問題に

ついて触れておきたい．本来の意味での"絶縁化"を確認するためには，$\omega=0$ における電荷ギャップの有無を調べなければならない．そもそも，金属と絶縁体の区別は，電子が充分に長い時間，結晶中を動き回ったり，局在し続けていることによって初めて可能になる．したがって，ここで議論しているわずか〜50 fs の寿命を持つ状態の金属性や絶縁性を議論することは本来できない．一方，第5章でも述べたように，この物質の近〜中赤外光領域の光学応答は，分子間の電荷移動励起を介して，分子上の電子状態（金属 → 価数 +0.5, 絶縁相 → +0.2 と +0.8）を敏感に反映し，実際の転移の指標となっている．ここで行っている議論は，そのような限定された意味での"絶縁化"である．

8.4.3 電荷ギャップ振動

前項では，近赤外光領域の反射スペクトルの変化が，金属から絶縁体への変化に類似していると述べた．しかし，光による金属の絶縁化を示すためには，より直接的な根拠が必要となる．電気的な測定では捉えきれない極めて短寿命（<50 fs）の絶縁体をアサインする最も直接的な方法は光学ギャップを捉えることであるが，残念ながらこの測定の時間分解能で，0.1 eV のギャップを観測することは，周波数分解能と時間分解能がフーリエ変換の関係で結ばれていることから極めて困難である．ここでは，反射率変化の時間発展に見られる時間軸の振動構造から，金属の絶縁化を議論したい．

図 8.8(a) に，0.64 eV における反射率変化の時間軸プロファイルを示す [124]．強励起では，励起直後の 50 fs 程度の間，絶縁化を示す正の信号（青色シェード）が観測されるのに対し，弱励起下では，温度上昇に負の信号のみが観測される．絶縁化を反映する正の信号には明確な時間軸振動構造が見られる．この時間プロファイルを，フーリエフィルターで濾して，高周波振動成分（>300 cm^{-1}）のみを取り出したものを図 8.8(b) の青線で示した（以下口絵 5 参照）．励起直後に観測される周期 20 fs の振動は，100 fs 以内に速やかに減衰するが，その後に残る微弱な振動成分を拡大して赤線で示してある．この振動をウェーブレット変換を用いて解析し，図 8.8(b) 挿入図に示すような，0-40 fs（青線）および 80-120 fs（赤線）における時間分解スペクトルを得た．同じ挿入図に，10 K（電荷秩序相），および 140 K（金属相）における光学伝導度を比較のために示した．0-40 fs の WL スペクトルは，電荷秩序相の光学伝導度スペクトルと極めてよく一致しており，観測された周期 20 fs の時間軸振動が電荷秩序ギャップに

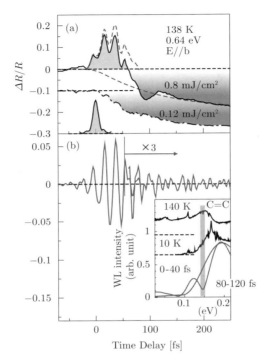

図 8.8 (a) 0.64 eV における反射率変化の時間軸プロファイルと，時間分解能を示すポンプ光，プローブ光の相互相関関数を示す．(b) 挿入図は，振動成分のウェーブレット解析によって求めた 0-40 fs および 80-120 fs における時間分解振動スペクトルを，定常光学伝導度 [10 K（電荷秩序），140 K（金属）] とともに示す（文献 [124] より引用）（口絵 5 参照）．

対応するものであることがわかる．ギャップの存在しない金属相を励起した場合に，この振動が観測できたことは，金属相中に電荷ギャップが開いたことを直接示している．振動の寿命が，絶縁化を示す反射率増加とほぼ等しいこともこの解釈と符合する．

8.4.4 振電相互作用

ところで，このエネルギー領域 (0.05〜0.2 eV) の定常光学伝導度スペクトルには，電荷秩序ギャップとともに ET 分子中央の炭素間二重結合（C=C）の振動ピークが存在する．このピークは，全対称モードの ν_3 と呼ばれるモードが，

EMV相互作用（7.3.4項参照）によって電荷と強く結合し，赤外活性になったことによるものと考えられている．では，観測された周期20 fsの振動が，この分子内振動によるものである可能性はないのだろうか？答えは否である．上記の電荷ギャップ振動が減衰を示す時間領域，80-120 fsにおけるウェーブレットスペクトルには，より速い時間領域では見られなかった，スペクトルのへこみが見られることに注目してほしい．このへこみのエネルギーはちょうど金属相 (140 K) において観測される ν_3 モードのピークに符合していることから，上記のコヒーレントな電荷ギャップ振動と分子内振動とのファノ干渉によるものと考えられる．

励起後，およそ100 fsの時間を経てこのディップが現れることは，励起直後の電荷の振動は純粋な電子振動であり，分子内振動がこのコヒーレントな電荷の運動の影響を受けるまでには100 fs程度の時間が必要であることを示している．このような電荷のコヒーレント振動や，分子内振動とのファノ干渉は，電荷秩序の融解の初期過程においても観測されている（7.3.4項を参照）．いずれの場合も，この分子内振動によるディップが遅れを伴って現れることが重要な意味を持っている．図8.8(a)で見られたように，絶縁化を反映する反射率の増加は，分子内振動による信号が現れる以前，すなわち50 fs程度で消滅している．このことは，光励起による絶縁化が，分子内振動によってではなく，純電子的なプロセスとして起きていることを示している．

8.4.5 移動積分の減少とクーロン反発

強電場下における有効移動積分を表す式 (8.4) の中のベッセル関数の引数は，サイト（分子）間の距離の偏光方向成分（θ は電場ベクトルと b_2 ボンドのなす角）$r_{A,B}\cos\theta = 5.4A$ と振動数（ω）で規格化した有効電場強度である．つまり電場強度が増大すると，電子の有効移動積分 t_{eff} は減少し，$x = \frac{eE_0 a}{\hbar\omega} \sim 2.4$ で 0 になり，さらに大きな x では符号が変わる．我々の用いた典型的な電場強度 9.3 MV/cm を E_0 に代入してみると，x は 0.6 となり，図 8.3 から $t_{\text{eff}} \sim 0.9t_0$ であることがわかる．すなわち，この動的局在の理論によれば，9.3 MV/cm の高周波強電場によって，照射中の t_{eff} が 10% 程度減少していることになる．光の照射によって移動積分が10%も減少することは，常識からすれば驚くべきことであるが，電荷が完全に局在する状況（強束縛模型では $t_{\text{eff}} = 0$）からは，まだ程遠い．なぜ，電荷は局在したのであろうか．

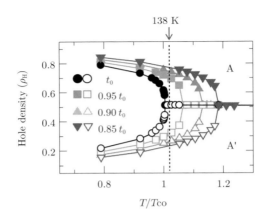

図 8.9 ハートリーフォック計算によって導かれた A および A' サイトの電荷分布の温度依存性 [125]. T_{CO} = 135 K（文献 [124] より引用）.

その理由は，この物質がクーロン反発の下で極めて不安定な金属状態にあるからと考えるのが自然である．電荷は，運動エネルギーの利得とクーロン反発の損失の競合によって，局在と非局在のはざまにある．ハートリーフォック計算 [124, 125] によれば，絶縁体-金属転移温度近傍において，t_{eff} が 10%減少したとき，転移温度は約 12%増加する．図 8.9 は，この計算によって導かれた A および A' サイトの電荷分布の温度依存性である．無電場下の移動積分 t_0 に対して，T/T_{CO} = 1 を境に電荷密度が均一な 0.5 価から 0.8(A), 0.2(A') へと不均化していることがわかる．10%の移動積分の減少（0.9 t_0）に対しては，不均化が起こる温度が T/T_{CO} ~ 1.1 へと上昇している．この転移温度の変化（135 K→152 K）は，測定温度である 138 K をまたぐので，10%の移動積分の変化が金属から絶縁体への転移を起こすのに十分なものであることがわかる．すなわち，ここで起きた現象は本来の意味での動的局在（有効移動積分の減少のみによる電荷局在）ではなく，クーロン相互作用との相乗効果と考えるべきだろう [124].

8.5 擬 1 次元有機伝導体における移動積分の減少

前節では，光誘起金属-絶縁体転移が，動的局在（移動積分の 10 %の減少）とクーロン反発の相乗効果として説明ができることを示した．しかし，より直接的に電子ホッピングの抑制（移動積分の減少）を観測することはできないのだろうか．本節では，$(TMTTF)_2AsF_6$ という有機伝導体を対象に，光励起下での反射スペクトルの形状の変化を詳細に解析することによって，電子の有効質量の増大（移動積分の減少）をより定量的に議論したい．また，コヒーレントな非平衡現象である動的局在は，必然的にランダムな熱振動 (thermal oscillation)，すなわち，電子/格子温度 (Electron/lattice temperature) の上昇と競合する．本節では，そのような競合関係を時間軸上で明らかにする [126]．

8.5.1 擬 1 次元有機伝導体 $(TMTTF)_2AsF_6$

$(TMTTF)_2AsF_6$ は，TMTTF が擬一次元的に積層した 1/4 フィリング（分子の平均価数 +0.5）の電荷移動錯体である [127–130]．T_{CO} =100 K 以下で，電荷秩序を示す．この物質は，電荷秩序の形成によって空間反転対称性が破れた電子強誘電体として，前節で扱った $\alpha\text{-}(ET)_2I_3$ と同様に（あるいはそれ以上に）よく知られている [131][4]．$\alpha\text{-}(ET)_2I_3$ と比べると，1 次元性が強い点や，電荷秩序状態における電荷の不均化度合いが小さい点などが異なっている．しかし，我々がこの物質を対象に選んだ理由は，近～中赤外光の高周波領域のスペクトルが，金属的なプラズマ反射端 (Plasma edge) を持ち，あたかも理想的な金属のように振る舞うからである．このことは，クーロン反発の効果が比較的弱いために，電荷ギャップなどの強相関系特有の応答は，低エネルギーに限定されることを意味している[5]．

ドルーデモデル (Drude model) において，反射端のエネルギーは，プラズマ振動数 (Plasma frequency) $\omega_p = \sqrt{ne^2/(\varepsilon_\infty \varepsilon_0 m)}$ で与えられる．ただし，n は電子数，e は素電荷，ε_∞, ε_0 は高周波誘電率と真空の誘電率，m は電子の有効質量を表す．しかし，古典振動子の復元力を特徴づける（電荷ギャップに対応

---

[4] 電子強誘電体という概念がはじめに提案された物質系である．
[5] 実はこのことは，そう簡単に言えるわけではない．原著論文とその Supplemenral material を参照されたい [126]．

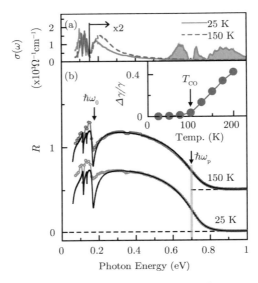

図 8.10 (TMTTF)$_2$AsF$_6$ の (a) 定常光学伝導度と (b) 反射スペクトルを示す．(b) の黒実線は，ダイマーモデル（分子内振動の影響を考慮したローレンツモデル）によるフィッティング．挿入図は，フィッティングによって得られた γ の温度依存性．（文献 [126] より引用）．

する）ω_0 が ω_p に比べて十分に小さい場合，ローレンツモデル (Lorentz model)

$$\varepsilon(\omega) = \varepsilon_\infty \left(1 + \frac{\omega_p^2}{\omega_0^2 - \omega^2 - i\omega\gamma}\right)$$

においても，反射端のエネルギーはやはり ω_p で特徴づけられる[6]．γ は散乱周波数 (Scattering frequency) を表す．

図 8.10 に (TMTTF)$_2$AsF$_6$ の (a) 定常光学伝導度と (b) 反射スペクトルを示す [126]．伝導度は低エネルギー側に向かって増大するが，0.2 eV 以下にディップやシャープな構造が見られる．これらの構造は，ラマン活性な分子内振動の ν_3 モードが二量体化によって赤外活性になったものと考えられている．この分子内振動による応答を考慮に入れたローレンツモデル（ダイマーモデル，Dimer model [127]）を用いて，反射率を解析した結果を図 8.10(b) に実線で示す．0.3

---

[6] ただし，この場合，ω_p をプラズマ振動数と（普通は）呼ばない．脚注 8) も参照されたい．

eV よりも高エネルギーの領域の反射率はローレンツモデルで極めてよく再現できる[7]．ここで用いられるパラメータのうち，電子数 n は，$\sim 2\times 10^{21}\,\mathrm{cm}^{-3}$，$3\sim 4m_0$ 程度である．

反射スペクトルの温度依存性は，ローレンツモデルの γ を増加させるだけで（ω_p を変化させることなく）再現できる[126][8]．図 8.10(b) の挿入図に，ローレンツモデルによる解析から得られた γ の温度異存性を示す．γ は T_{CO} 以下では変化を示さず，T_{CO} 以上のみで温度に対して増加する．電荷の運動が凍結している $<T_{\mathrm{CO}}$ において γ が変化しないことは，γ が主に電子間散乱によって決まっていることを示している．

8.5.2　光励起による ω_p の減少と γ の増大

7 fs パルスによって得られる過渡反射スペクトルは，測定スペクトル領域が制限される（0.6～0.9 eV）ため，より広帯域（0.1～1 eV）の測定ができる 100 fs パルスを用いた実験を準備として行う必要がある．図 8.11(a) は，100 fs パルスを用いたポンププローブ分光によって測定した過渡反射スペクトルの時間発展である[126]．励起直後，$\omega_p \sim 0.7$ eV のスペクトル領域に反射率の減少が現れ，数 ps で減衰している．遅延時間 $t_\mathrm{d}=0.1$ ps における過渡反射（$\Delta R/R$）スペクトルを図 8.11 (b) に示す．実線で示すように，この $\Delta R/R$ スペクトルの形状は，ローレンツモデルにおいて，ω_p を 1.8％減少させ，γ を 12％増加させることによって再現できる．このときの $\Delta\omega_p/\omega_p$，$\Delta\gamma/\gamma$ に対応する $\Delta R/R$ を図 8.11(c) にそれぞれ示した．>0.7 eV（ω_p よりも高エネルギー側）の形状は，主に ω_p の減少によって決まり，<0.7 eV の変化は，γ の増加によるものである．このように，$\Delta R/R$ スペクトルの形状から，ω_p の減少と γ の増加を区別できることに注目してほしい．特に，1.8％の ω_p の減少が，約 30％もの巨大な反射率変化として現れることは，反射スペクトルが，ω_p の減少に対して極めて敏感なプローブとなることを示している．また，我々にとって都合がよいことに，こ

---

[7] 低温では～0.2 eV の構造の部分があまり実験値とあっていないのは，分子内振動による応答が電荷の運動によって遮蔽されるためと考えられる．この解釈は，不一致の程度が γ の小さな低温で，より顕著に見られることとも符合する．

[8] 一般に，ローレンツモデルの ω_p には，低エネルギーのギャップ近傍の情報も含まれるので注意が必要である．しかしこの場合は，T_{CO} をまたいでも（つまりギャップが開いても），スペクトルの変化が ω_p によらず，散乱の効果を反映する γ の上昇だけで説明できている．したがって，実質的には，ω_p には低エネルギーの情報はそれほど含まれていないと考えても差し支えない．

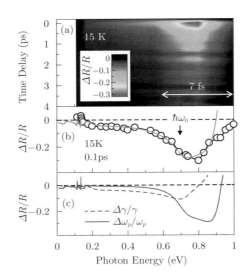

図 8.11 (a) 過渡反射スペクトルの時間発展の 2 次元プロット (b) 0.1 ps における過渡反射スペクトルと，ローレンツモデルによるフィッティング（灰色線）(c) (b) の $\Delta\omega_p/\omega_p = 0.018$, $\Delta\gamma/\gamma = 0.12$ の各スペクトル成分（文献 [126] より引用）（口絵 6 参照）．

の ω_p の変化は，図 8.11(a) に白い矢印で示した 7 fs パルスのスペクトル領域でカバーできる．

ここで，ω_p の減少と γ の増大の物理的な意味を確認しておこう．一般に，ω_p の減少は，電子数 n 増加，または有効質量 m の減少を示す．反射端を決めている電子数 n は，$\sim 2\times 10^{21} \mathrm{cm}^{-3}$, $3\sim 4m_0$ 程度である．この電子数は，（クーロン反発を考慮しない）1/4 フィリングバンド全体の電子数であり，（低エネルギーギャップを隔てたバンド間励起などの）通常の光励起プロセスでは変化しない．したがって，ω_p の減少から m の増加（t の減少）を議論できる．

8.5.3　7 fs 瞬時電場による初期応答の観測

図 8.12(a) に，7 fs パルスを用いて測定した過渡反射スペクトルの時間発展を示す [126]．このスペクトルは，以下の 3 つの特徴を有している．第一に，時間の初期，高エネルギー側（>0.8 eV）において，周期 20 fs の時間軸振動が見られる（図 8.12(b) i）．第二に，中ほどのエネルギー領域（0.7-0.8 eV）において

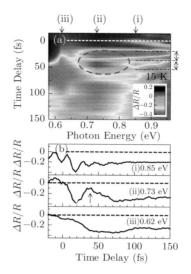

図 8.12 (a) 7 fs パルスを用いて測定した過渡反射スペクトルの時間発展 (b) 0.85 eV，0.73 eV，0.62 eV における $\Delta R/R$ の時間発展（文献 [126] より引用）（口絵 7 参照）．

反射率減少にへこみ（波線で囲んだ領域）が見られる．このへこみは，時間発展（図 8.12(b) ii）の〜30-60 fs の時間軸上のへこみ（↑）としても確認できる．第三の特徴は，低エネルギー側（<0.7 eV）においては，振動のない，ややゆっくりした立ち上がりが見られることである．（図 8.12(b) iii）これらの特徴は，$\Delta R/R$ スペクトルの形状が，励起直後の数十フェムト秒の間に変化することを示している．図 8.13 の各時刻の過渡反射スペクトルの形状をローレンツモデルによって解析すると，以下のことがわかる．

まず，図 8.13(b) に示すように，$t_\mathrm{d} = 18$ fs において，0.8-0.9 eV にピークを持つ $\Delta R/R$ スペクトルの形状は，ω_p の減少（2.8 %）のみによって再現できる．一方，図 8.13(f) $t_\mathrm{d} = 80$ fs では，$\Delta R/R$ のピークは，低エネルギー側へと移動しており，スペクトルの再現には，ω_p の減少（1.7 %）だけではなく，γ の増加 (30 %) を考慮する必要がある．これらの解析からわかることは，ω_p の減少が，γ の増加に先立って，しかも 20 fs 以内という極めて短い時間で立ち上がるということである．3%の ω_p の減少を有効質量 m の減少（t の増加）として見積もってみると，6 % に相当するが，この値は，式 (8.4) から見積もられる t

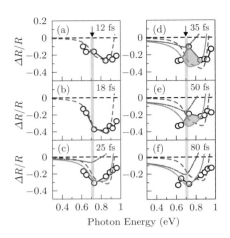

図 8.13 (a) 12 fs〜(f) 80 fs における過渡反射スペクトルと，ローレンツモデルによる解析．点線；ω_p の減少による $\Delta R/R$，一点鎖線線；γ，実線；ω_p と γ の変化を考慮した $\Delta R/R$（文献 [126] より引用）．

の減少（α-(ET)$_2$I$_3$；10 %，(TMTTF)$_2$AsF$_6$；6 %）に近い．これらのことから，観測された ω_p の減少の減少は，t の増加と考えて矛盾なく説明できる．

次に，電子温度の上昇がどのように起きるのかについて考察したい．このプロセスは，光によって物質中に生成した電子系のコヒーレンスの消滅を経て起こるので，動的局在のようなコヒーレント現象の観測を阻害する．上記のように $t_d =18$ fs（ω_p のみの変化）と $t_d =80$ fs（ω_p と γ の変化）の $\Delta R/R$ スペクトルは上記のようにローレンツモデルによって説明することができる．18 fs のスペクトルは，ω_p の減少だけで再現でき γ の増大は確認できない．その後，80 fs までに γ は約 30% も増加しており，20〜80 fs の間の時間領域で電子温度の上昇が起きていることがわかる．

ところで，$t_d =35, 50$ fs のスペクトル形状は，ちょうど ω_p の近傍に大きなスペクトルのへこみがあり，ローレンツモデルでは再現できない．このへこみの理由は現段階では明らかではないが，電子温度が上昇する以前の過程で現れる非平衡，コヒーレントな状態を反映していると考えられる．すなわち，ディップが観測される時間領域では，散乱が〜1 回しか起きない[9]．さらに，この時間

---

[9] 定常状態から得られる γ のエネルギースケール〜0.1 eV は，散乱が平均しておよそ 40 fs に一回起きることを意味している．

領域では，電子や振動のコヒーレンスが持続しており，このような状況で，ランダムに起こる散乱を平均して扱うストカスティック (Stochastic) な描像が不適当なことは，むしろ当然のことと言える[10]．

8.5.4 移動積分の減少と電子温度上昇のダイナミクス

図 8.13 に示した，$\Delta R/R$ のローレンツモデルによる解析から，ω_p, γ およびローレンツモデルでは説明できないへこみ，それぞれの成分の時間発展が得られる．図 8.14 は，(a) $\Delta\omega_p/\omega_p$ と $\Delta\gamma/\gamma$ の時間プロファイル，および (b) 図 8.13 のスペクトルのへこみ（(d), (e) のシェードした部分）の面積の時間発展を示したものである [126]．ω_p の減少は，20 fs 以内に立ち上がるが，周期 20 fs の時間軸振動を示す．この振動は，図 8.12(a) や (b)i の生データにも見られたものであるが，解析から ω_p の振動的な変化として説明できる．20 fs という振動周期に対応するエネルギー（0.2 eV）はちょうど，定常反射スペクトルのローレンツモデルの ω_0（0.18 eV）にほぼ等しい．この物質の ω_0（電荷ギャップ）は，

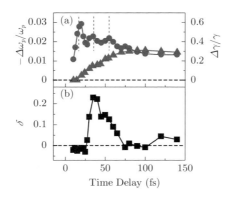

図 8.14 (a) $\Delta\omega_p/\omega_p$ (●) と $\Delta\gamma/\gamma$ (▲) 各スペクトル成分の時間プロファイル．(b) ディップ成分のスペクトル面積 (δ) の時間発展（■）（文献 [126] より引用）．

---

[10] ω_p のエネルギー領域にへこみが生じる理由の詳細は現段階では明らかではないが，定性的には以下のように考えられる．反射率を与える応答関数に対する，決定論的 (deterministic) な弾性散乱 (elastic scattering) の影響は，最も簡単には，今注目している時間軸上の固有振動（今の場合は ω_p）の位相のシフトで表される．この位相シフトを，有限の時間幅を持つプローブで測定すると，散乱の前後の（位相の異なる）振動を足し合わせとして観測することになる．このとき，固有振動に対応するスペクトルは歪む．これがへこみの起源と考えられる．

1次元鎖状に並んだ TMTTF 分子の二量体化とクーロン反発によるものであることがわかっている [132]．定常スペクトルの項でも述べたように，一般に，ω_p には低エネルギースペクトルの影響も含まれる．定常スペクトルの温度依存性を見る限り，低エネルギーのギャップの影響はなかったが，時間軸上での ω_p の振る舞いには，このギャップ（つまり強相関電子系としての）の性質が顔を出している．

また，γ は，80 fs までに立ち上がるが，それ以前の領域には，図 8.14(b) のようにディップが存在し，その減衰は，γ の増大の時間スケールとほぼ一致する．ディップの起源が，「ローレンツモデルの γ では記述できないコヒーレントな相互作用」という前述の仮説を認めるならば，この 30-50 fs という時間領域は，コヒーレントな相互作用から，ランダムな散乱過程へのクロスオーバーを見ていることになる．

8.5.5 強電場効果の緩和

8.2 節で説明した動的局在は，連続場に対する概念である．しかし，ここでは，パルス場を用いるので，光の照射（電場の印加）が完了した後の緩和ダイナミクスが問題になる．最も単純な描像では，動的局在は非共鳴な現象なので，電場が切れれば消滅するはずである．一方，実際に観測された電荷の局在や ω_p 減少（移動積分の減少）の持続時間は，$\sim$40 fs (α-(ET)$_2$I$_3$)，$\sim$2 ps ((TMTTF)$_2$AsF$_6$) であり，いずれもパルス幅の 7 fs よりはるかに長い．こうした強電場効果の寿命を決める理由としては 2 つの可能性が考えられる．1 つは，電子状態の変化に応じて，格子が変形し，電荷の局在や移動積分の減少を安定化（長寿命化）させるというシナリオである．図 8.11(a) に示した，(TMTTF)$_2$AsF$_6$ における $\Delta R/R$ の時間発展には，1 ps 秒以降の時間領域において時間軸上の振動が観測される．その主要成分の周波数 (62 cm^{-1}) は，TMTTF 分子が形成する 1 次元鎖と垂直方向の分子間振動にほぼ対応する．図 8.15 に模式的に示すように，このモードの格子変位が，移動積分の減少を安定化していると考えれば，ps もの寿命が説明できる．ただし，この時間領域では，γ の増大からわかるように，すでに電子温度が，$T_{\rm CO}$ 以上にまで上昇しているので，このときの電子状態をどのように記述すればよいのか，筆者にはよくわからない．

一方，α-(ET)$_2$I$_3$ では，格子（分子間）振動の周期 (>300 fs) よりも短い時間 ($\sim$40 fs) で電荷の局在は緩和する．この場合には，まったく別のメカニズ

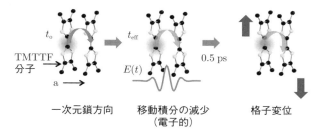

図 8.15　(TMTTF)$_2$AsF$_6$ における移動積分の減少と格子変位による安定化の模式図.

ムが寿命を決めている可能性がある．一般に，光電場によって物質内にもたらされるコヒーレントな応答の持続時間は，位相緩和時間と呼ばれる．8.2 節で述べたように，電荷の局在は，このような振動電磁場に対するコヒーレントな応答によって駆動されるので，（もし上記のような格子による安定化機構が働かなければ）位相緩和時間が電荷局在の寿命を決めることになる．いずれにしても，光強電場効果のダイナミクスの問題は未開拓であることは間違いなく，今後，理論，実験両面からのアプローチが望まれる．

8.6　まとめと今後の展開

　本章の主題である動的局在やその前駆現象は，理論的には随分昔に提案されたものであり，概念自体は，第 4 章で述べたように強束縛近似の強励起状態として理解し得るものである．我々の発想は極めて単純で，この動的局在によって強相関電子系のバンド幅制御を行うというものである．8.4 節で述べたように，2 次元有機伝導体 α-(ET)$_2$I$_3$ において，反射スペクトルの形状の変化と，時間軸上における電荷ギャップ振動の観測によって，この試みは幸いにうまくいったように見えた [124]．しかし，実を言うと我々は，金属から絶縁体への変化が起きたという結果はともかくとして，本当にバンド幅が減少したのかについて，もう 1 つ確信が持てなかった．その疑問を解くために行ったのが，8.5 節で述べた (TMTTF)$_2$AsF$_6$ における反射端 (ω_p) 近傍のスペクトルの観測である．ローレンツモデル ($\omega_p \gg \omega_0$ なので，〜ω_p のエネルギー領域では実質的にドルーデモデル) という極めて単純なモデルを用いた解析から，t の減少が，

電子温度の上昇と時間軸で切り分けられ，さらに ω_p の減少から見積もった t の減少量が，電場の強度やサイト間の距離などから予想される量とほぼ一致しているなど，大枠では光の強電場に関して我々が期待した効果が観測されたのではないかと考えている [126]．しかし，その一方で，すでに述べたように予想される t の減少は，たかだか 10%（α-(ET)$_2$I$_3$）や 6%（(TMTTF)$_2$AsF$_6$）であり，本当の意味での動的局在（$t = 0$）が実現しているわけではない．動的局在の効果とクーロン反発は，どのように協調しあっているのだろうか．最近の理論計算の結果からは，電子のホッピングの異方的な変化やサイト内，サイト間のクーロン反発が複雑に絡み合った極めて巧妙なメカニズムが働いていることが予想されている [106, 122, 123, 133]．現在，それらの理論的な予測を実証すべく，偏光依存性や，より強い電場下での実験を進めている．

また，すでに述べたようにように，本研究のモチーフとなった，フロケ描像や動的局在の理論は，連続（CW）場に対するものであり，本来パルス実験に対してこの概念を用いるのは正しくない．特に単一サイクルに近い極短パルスにおいては異なったアプローチが必要というのが一般的な認識である．ただし，8.3 節で述べたように，動的局在が電場の振動周期内での変動を平均化することによる効果であることを考えれば，1 サイクル以上のパルスであれば，少なくとも定期的には，類似の現象が予想される．また，いくつかの数値計算の結果からは，クーロン斥力の下では，単一サイクル場においても類似の効果が現れることが示されている．一方，より短いサブサイクルの非対称電場 (Asymmetric field) では，バンド構造の運動量シフト (momentum shift) など新奇な現象も予想されている．連続場におけるフロケから，単一サイクルやハーフサイクル電場に対する運動量シフトへ，クロスオーバーをどのように考えるべきなのかは，現段階では定まっていない問題であり現在でも活発な理論研究が行われている [120–123, 133]．理論，実験ともに今後の進展が期待される．

最後に，より一般的な視点からの課題を挙げておこう．原子の世界では，10 年以上前から，高強度の数サイクル光を用いた，束縛された電子のトンネル解離，加速，再衝突によるアト秒 X 線発生が精力的に研究されてきた．近年はそれらを固体に拡張した，高強度テラヘルツ光源を用いた高調波発生 [114, 115]，光電子放出 [116] などの研究が報告されている．一方，もう少し物質よりの研究としては，光電場による絶縁体（石英）のトンネル過渡電流の測定 [112]，超伝導体の秩序パラメータであるヒッグスモード (Higgs mode) の励振 [134] など

光電磁場のコヒーレンスや位相の概念が重要な役割を果たすものが注目を集めている．

しかし，我々は，先端光源を用いてさらに本格的かつ新規な物性研究ができないかと考えている．ここで言う本格的という意味は，複雑な物質を対象にした，と言い変えてもよい．光強電場効果のデモンストレーションの対象として，強相関電子系を代表例とする複雑系物質は，よりシンプルな原子，分子の系やバンド理論で記述できる金属や半導体ほどメジャーではない．しかし，数～10 フェムト秒というごく限られた時間内に限定すれば，複雑な相互作用や構造によって巧妙に用意された電子やスピン系の，電子／格子温度の上昇に邪魔されない，いわば都合のよい部分だけをすくい取って操作できる（可能性がある）[135] というのが，"超高速光物性" の魅力だと筆者は考えている．

我々が開発を行っている近赤外光のパルス幅は，現在 1.3 サイクルに匹敵し，固体試料表面において瞬時電場強度 100 MV/cm (1V/Å) 印加できる[11]．今後，更なる短パルス化により数百 MV/cm～1GV/cm のサブサイクル電場の印加もはや夢ではない．こうした光源を利用した物性研究としては，例えば，サブサイクルの位相制御パルスによって，電子やスピンの状態を直接偏極させ対称性を破ることも可能となる．また，本書では，電子のホッピングに対する光強電場効果を議論したが，より強い電場においては，電子間相互作用が変調を受け，符号が変わる（斥力が引力になる）という劇的な効果も予想されている[12]．

我々が目標としている赤外光領域のハーフサイクルパルス (half-cycle pulse) のパルス幅は 2-3 fs であるが，この時間スケールは，有機物質では，もはやクーロン反発エネルギーの逆数に匹敵する．つまり電子間クーロン相互作用をも実時間軸で観測したり，制御したりする時代が訪れつつある．こうした位相制御サブサイクルパルスは，もはや"振動"電磁場ではなく正確な意味での"光"とも言えないが，電子やスピンの配列をより高速に，格子構造の制約を受けずにより直接制御できるという意味では魅力的である．新たな光電磁場の利用法によって，室温における超伝導や，強誘電性のペタヘルツ制御などの新たな光誘起相転移の物理が拓かれることを期待したい．

---

[11] しかも同時に～30 T の交流磁場も印加できる．
[12] 本章の冒頭で用いた原子系とのアナロジーを用いるならば，冷却原子 (Cold atom) 系のフェッシュバッハ (Feshbach) 共鳴に対応する．しかし，その理屈はまったく異なるものである．

参考文献

＊英語の教科書は和訳のあるものは可能な限り，訳本を載せた．また，論文については，対応する日本語の解説を筆者のわかる範囲で併記した．

[1] 光誘起構造相転移–光が拓く新たな物質科学–，腰原伸也，Tadeusz Michał Luty，基本法則から読み解く 物理学最前線 11，共立出版 (2016).

[2] A. Zewail, Science **242**, 1645 (1988), A. Mokhtari, P. Cong, J. L. Herek, and A. H. Zewail, Nature **348**, 225 (1990).

[3] K. S. Song, and R. T. Williams, Springer series in solid state science 105, "Self-Trapped Excitons", Springer Berlin 1993, K. S. Song, 萱沼洋輔，日本物理学会誌，**45**, 469 (1990)，神野賢一，谷村克己，固体物理別冊特集号「電子励起による非平衡固体ダイナミックス」, **23** (1993).

[4] 固体中のフォトケミカルリアクション，伊藤憲昭，物理学最前線 17，共立出版 (1987).

[5] Optical Processes in Solids, Y. Toyozawa, (Cambridge, 2003)，現代物理学の基礎 7　物性 II　素励起の物理，中島貞雄，豊沢豊，阿部隆蔵，岩波書店 (1978) など．

[6] M. Imada, A. Fujimori, and Y. Tokura, Rev. Mod. Phys. **70**, 1039 (1998), E. Daggot, Rev. Mod. Phys. **66**, 763 (1994).

[7] G. Yu, C. H. Lee, A. J. Heeger, N. Herron, E. M. McCarron, Phys. Rev. Lett. **67**, 2581 (1991), G. L. Esley, J. Heremans, M. Meyer, G. L. Doll, S. H. Liou, Phys. Rev. Lett. **65**, 3445 (1990), K. Matsuda, I. Hirabayashi, K. Kawamoto, T. Nabatame, T. Tokizaki, and A. Nakamura, Phys. Rev. B**50**, 4097 (1994), K. Matsuda, A. Machida, Y. Moritomo, and A. Nakamura, Phys. Rev. B**58**, 4203R (1998), R. A. Kaindl, M. Woerner, T. Elsaesser, D. C. Smith, J. F. Ryan, G. A. Farnan, M. P. McCurry, D. G. Walms-

ley, Sceince **287**, 470 (2000), T. Ogasawara, M. Asida, N. Motoyama, H. Eisaki, S. Uchida, Y. Tokura, H. Gosh, A. Shukula, S. Mazumdar, and M. Kuwara-Gonokami, Phys. Rev. Lett. **85**, 2204 (2000), 固体物理 **36**, 605 (2001),「相関電子系の物質設計」特集号.

[8] Y. Tokura, K. Ishikawa, T. Kanetake, T. Koda, Phys. Rev. B**36**, 2913 (1987), S. Koshihara, Y. Tokura, T. Takeda, T. Koda, Phys. Rev. Lett. **68**, 1148 (1992), Phys. Rev. B**52**, 6265 (1995).

[9] S. Decurtins, P. Gutlich, C. P. Kohler, H. Spiering, and A. Hauser, Chem. Phys. Lett. **105**, 1 (1984), Y. Ogawa, S. Koshihara, K. Koshino, T. Ogawa, C. Urano and H. Takagi, Phys. Rev. Lett. **84**, 3181 (2000), T. Tayagaki and K. Tanaka, Phys. Rev. Lett. **86**, 2886 (2001).

[10] 小林浩一，固体物理別冊特集号「エキゾティックメタルズ」, **253** (1983).

[11] K. Miyano, T. Tanaka, Y. Tomioka, and Y. Tokura, Phys. Rev. Lett. **78**, 4257 (1997), M. Fiebig, K. Miyano, Y. Tomioka, Y. Tokura., Science **280**, 1925 (1998), M. Fiebig, K. Miyano, Y. Tomioka, Y. Tokura. Appl. Phys. B: Lasers Opt. **71**, 211 (2000).

[12] S. Iwai, M. Ono, A. Maeda, H. Matsuzaki, H. Kishida, H. Okamoto and Y. Tokura, Phys. Rev. Lett. **91**, 057401 (2003), 岩井伸一郎，岡本博，固体物理 **38**, 677 (2003).

[13] T. Ishiguro, K. Yamaji, G. Saito, "Organic Superconductors" (Springer. Berlin, 1998), "Molecular Conductors" eds. P. Batail, Chem. Rev. **104**, 4887 (2004), "Special Topic on Organic Conductors" eds. S. Kagoshima, K. Kanoda, and T. Mori, J. Phys. Soc. Jpn. **75**, 051001 (2006), 鹿児島誠一, 低次元導体（裳華房, 2000）.

[14] G. Cirmi, D. Brida, C. Manzoni, M. Marangoni, S. De Silvestri and G. Cerullo, Opt. Lett. **32**, 2396 (2007), D. Brida, G. Cirmi, C. Manzoni, S. Bonora, P. Villoresi, S. De Silvestri and G. Cerullo, Opt. Lett. **33**, 741 (2008), D. Brida, M. Marangoni, C. Manzoni, S. De Silvestri and G. Cerullo, Opt. Lett. **33**, 2901 (2008), 川上洋平 東北大学大学院理学研究科 博士論文（平成 23 年 3 月）.

[15] Krausz and Ivanov, Rev. Mod. Phys. **81**, 164 (2009), B. E. Schmidt, A. D. Shiner, P. Lassonde, J-C. Kieffer, P. B. Corkum, D. M. Villeneuve, F.

Legare, Opt. Express **19**, 6858 (2011), V. Cardin, N. Thire, S. Beaulieu, V. Wanie, F. Legare and B. E. Schmidt, Appl. Phys. Lett. **107**, 181101 (2015).

[16] C. V. Shank, R. L. Fork, R. Yen, R. H. Stolen, and W. J. Tomlinson, Appl. Phys. Lett. **40**, 761 (1982), J. G. Fujimoto, A. M. Weiner, and E. P. Ippen, Appl. Phys. Lett. **44**, 832 (1984), J. M. Halbout and D. Grischkowsky, Appl. Phys. Lett. **45**, 1281 (1984), R. L. Fork, C. H. Cruz, P. C. Becker and C. V. Shank, Opt. Lett. **12**, 483 (1987).

[17] H. Aoki, N. Tsuji, M. Eckstein, M. Kollar, T. Oka, P. Werner, Rev. Mod. Phys. **86**, 780 (2014), 岡隆史，青木秀夫，日本物理学会誌，**1**, 1 (2012), 辻直人，岡隆史，青木秀夫，固体物理 **48**, 425 (2013).

[18] D. H. Dunlap and V. M. Kenkre, Phys. Rev. B**34**, 3625 (1986), F. Grossmann, T. Dittrich, P. Jung, and P. Hanggi, Phys. Rev. Lett. **67**, 516 (1991).

[19] 鈴木増雄，現代物理学行書 統計力学，岩波書店 (2000).

[20] 土井正男，小貫明，現代物理学行書 高分子物理・相転移ダイナミクス，岩波書店 (2000).

[21] W. ゲプハルト，U. クライ，相転移と臨界現象，好村滋洋訳，吉岡書店 (1992).

[22] G. R. ストローブル，高分子の物理，深尾，宮本，宮地，林訳，シュプリンガーフェアラーク (1998).

[23] チェイキン，ルベンスキー，現在の凝縮系物理学（上），松原，東辻千枝子，東辻浩夫，家富，鶴田，訳，吉岡書店 (2000).

[24] 宮下精二 岩波講座，物理の世界 統計力学3 相転移・臨界現象 岩波書店 (2002).

[25] N. P. Nietingale and H. W. J. Blote, Phys. Rev. Lett. **76**, 4648 (1996).

[26] 金森順次郎，米沢富美子，河村清，寺倉清之，現代物理学業書；固体-構造と物性，岩波書店 (2001).

[27] 斯波弘行，新物理学選書，電子相関の物理，岩波書店 (2001).

[28] 倉本義男，現代物理学，基礎シリーズ，量子多体物理学 朝倉書店 (2010).

[29] N. F. モット，金属と非金属の物理 第二版，小野嘉之，大槻東己 訳，丸善 (1996).

[30] E. Wigner, Trans. Faraday Soc., **34**, 687 (1938).

[31] C. C. Grims and G. Adams, Phys. Rev. Lett., **42**, 795 (1979), F. I. B. Williams, Surface Sci., **113**, 371 (1982).

[32] G. S. Parks and K. K. Kelley, J. Phys. Chem. **30**, 47 (1926).

[33] E. J. W. Verway, Nature **144**, 327 (1939).

[34] M. S. Senn, J. P. Wright, and P. Attfield, Nature **481**, 173 (2012).

[35] M. Imada, A. Fujimori, and Y. Tokura, Rev. Mod. Phys. **70**, 1039 (1998), S. Maekawa, T. Tohyama, S. E. Barns, S. Ishihara, W. Koshibae, G. Khaliullin, Physics of Transition Metal Oxides, Springer-Verlag (2003).

[36] "Special Topic on Organic Conductors" eds. S. Kagoshima, K. Kanoda, and T. Mori, J. Phys. Soc. Jpn. **75**, 051001 (2006).

[37] N. Takeshita, T. Sasagawa, T. Sugioka, Y. Tokura, and H. Takagi, J. Phys. Soc. Jpn. **75**, 1123 (2004).

[38] P. Monceau, F. Ya. Nad, and S. Brazovskii, Phys. Rev. Lett. **86**, 4080 (2001), N. Ikeda, H. Ossumi, K. Ohwada, K. Inami, K. Kakurai, Y. Murakami, K. Yoshii, S. Mori, Y. Horibe, and H. Kito, Nature, **436**, 1136 (2005), S. Ishihara, J. Phys. Soc. Jpn. **79**, 011010 (2010).

[39] S. Uchida, T. Ido, H. Takagi, T. Arima, Y. Tokura, S. Tajima, Phys. Rev. B**43**, 7942 (1991).

[40] R. H. Mckenzie, Science **278**, 820 (1997), K. Kanoda, Hyperfine Interact. **104**, 235 (1997), K. Kanoda, J. Phys. Soc. Jpn. **75**, 051007 (2006), T. Sasaki, I. Ito, N. Yoneyama, N. Kobayashi, N. Hanasaki, H. Tajima, T. Ito, Y. Iwasa, Phys. Rev. B**69**, 064508 (2004).

[41] T. Ishiguro, K. Yamaji, G. Saito, "Organic Superconductors" (Springer. Berlin, 1998), "Molecular Conductors" eds. P. Batail, Chem. Rev. **104**, 4887 (2004), "Special Topic on Organic Conductors" eds. S. Kagoshima, K. Kanoda, and T. Mori, J. Phys. Soc. Jpn. **75**, 051001 (2006).

[42] H. Mori, S. Tanaka, and T. Mori, Phys. Rev. B**57**, 12023 (1998), M. Watanabe, Y. Noda, Y. Nogami, and H. Mori, J. Phys. Soc. Jpn. **73**, 116 (2004).

[43] T. Kakiuchi, Y. Wakabayashi, H. Sawa, T. Takahashi, and T. Nakamura, J. Phys. Soc. Jpn. **76**, 113702 (2007).

[44] K. Yamamoto, S. Iwai, S. Boyko, A. Kashiwazaki, F. Hiramatsu, C. Okabe, N. Nishi, and K. Yakushi, J. Phys. Soc. Jpn. **77**, 074709 (2008), H. Itoh, K. Itoh, K. Goto, K. Yamamoto, K. Yakushi, and S. Iwai, Appl. Phys. Lett. **104**, 173302 (2014), K. Yamamoto, A. A. Kowalska, and K. Yakushi, Appl. Phys. Lett. **96**, 122901 (2010), 山本薫, 固体物理 **44**, 117 (2009).

[45] 鹿野田一司, 日本物理学会誌, **54**, 107 (1999).

[46] M. O. Marder, Condensed Matter Physics, 2'nd edition, Wiley & Sons (2010).

[47] 櫛田孝司, 光物性物理学, 朝倉書店 (1991).

[48] 小林浩一, 光物性入門, 裳華房 (1997).

[49] 工藤恵栄, 若木守明, 基礎量子光学, 現代工学社 (1998).

[50] 中島貞雄, 豊沢豊, 阿部隆蔵, 現代物理学の基礎 7 物性 II 素励起の物理, 岩波書店 (1978).

[51] 斯波弘之, 新物理学選書, 電子相関の物理, 岩波書店 (2001).

[52] S. Maekawa, T. Tohyama, S. E. Barns, S. Ishihara, W. Koshibae, G. Khaliullin, Physics of Transition Metal Oxides, Springer-Verlag 2003.

[53] Photoinduced Phase Transition eds. K. Nasu (World Scientific, Singarpore, 2004), Special Topic: Photo-Induced Phase Transion and their Dynamics, eds. M. Gonokami and S. Koshihara, J. Phys. Soc. Jpn. **75**, 011001 (2006), K. Yonemitsu, and K. Nasu, Physics Reports **465**, 1 (2008), D. N. Basov, R. D. Averitt, D. Marel, and M. Dressel, Rev. Mod. Phys. **83**, 472 (2011), 動的光物性の新展開, 五神真, 十倉好紀, 永長直人 偏, 固体物理 **46**, 561 (2011).

[54] K. Bonder, K. Dietz, H. Endres, H. W. Helberg, I. Henning, H. J. Keller, H. W. Schafer, and D. Schweitzer, Mol, Cryst., Liq. Cryst. **107**, 45 (1984), K. Bonder, I. Henning, D. Schweitzer, K. Dietz, H. Endres, and H. J. Keller, H. W. Schafer, and D. Schweitzer, Mol, Cryst., Liq. Cryst. **108**, 359 (1984).

[55] Y. Yue, K. Yamamoto, M. Uruichi, C. Nakano, K. Yakushi, S. Yamada, T. Hiejima, A. Kawamoto, Phys. Rev. B**82**, 075134 (2010).

[56] V. Zelezny, J. Petzelt, R. Swietlik, B. P. Gorshunov, A. A. Volkov, G. V.

Kozlov, D. Schweitzer, and H. J. Keller, J. Phys. France **51**, 869 (1990), M. Dressel, G. Gruner, J. P. Pouget, A. Breining, and D. Schweitzer, J. Phys. I **4**, 579 (1994).

[57] Y. Tanaka and K. Yonemitsu, J. Phys. Soc. Jpn. **79**, 024712 (2010), S. Miyashita, Y. Tanaka, S. Iwai, and K. Yonemitsu, J. Phys. Soc. Jpn. **79**, 034708 (2010), H. Gomi, A. Takahashi, T. Tastumi, S. Kobayashi, K. Miyamoto, J. D. Lee, and M. Aihara, J. Phys. Soc. Jpn. **80**, 034709 (2011).

[58] K. Yamamoto, A. A. Kowalska, Y. Yue, and K. Yakushi, Phys. Rev. B**84**, 064306 (2011).

[59] M. Imada, A. Fujimori, and Y. Tokura, Rev. Mod. Phys. **70**, 1039 (1998).

[60] H. Itoh, K. Itoh, K. Goto, K. Yamamoto, K. Yakushi, and S. Iwai, Appl. Phys. Lett. **104**, 173302 (2014).

[61] K. Yamamoto, A. A. Kowalska, and K. Yakushi, Appl. Phys. Lett. **96**, 122901 (2010).

[62] S. Iwai, K. Yamamoto, A. Kashiwazaki, F. Hiramatsu, H. Nakaya, Y. Kawakami, K. Yakushi, H. Okamoto, H. Mori, and Y. Nishio, Phys. Rev. Lett. **98**, 097402 (2007).

[63] 岩井伸一郎, 日本物理学会誌 **63**, 361 (2008), S. Iwai, Crystal **2**, 560 (2012).

[64] H. Mori, S. Tanaka, and T. Mori, Phys. Rev. B**57**, 12023 (1998), M. Watanabe, Y. Noda, Y. Nogami, and H. Mori, J. Phys. Soc. Jpn. **73**, 116 (2004), S. Miyashita and K. Yonemitsu, Phys. Rev. B**75**, 245112 (2007), Y. Tanaka and K. Yonemitsu, J. Phys. Soc. Jpn. **76**, 053708 (2007).

[65] S. Iwai, K. Yamamoto, F. Hiramatsu, H. Nakaya, Y. Kawakami, and K. Yakushi, Phys. Rev. B**77**, 125131 (2008).

[66] T. Kise, T. Ogasawara, M. Ashida, Y. Tomioka, Y. Tokura, and M. Kuwata-Gonokami, Phys. Rev. Lett. **85**, 1986 (2000), X. J. Liu, Y. Moritomo, A. Nakamura, H. Tanaka, and K. Kawai, Phys. Rev. B**64**, 100401R (2001).

[67] H. Nakaya, K. Itoh, Y. Takahashi, H. Itoh, S. Iwai, S. Saito, K. Yamamoto, and K. Yakushi,, Phys. Rev. B**81**, 155111 (2010).

[68] H. Hashimoto, H. Matsueda, H. Seo, and S. Ishihara, J. Phys. Soc. Jpn.

84, 113702(2015), K. Iwano, Phys. Rev. B**91**, 115108 (2015).

[69] Y. Kawakami, S. Iwai, T. Fukatsu, M. Miura, N. Yoneyama, T. Sasaki, and N. Kobayashi, Phys. Rev. Lett. **103**, 066403 (2009), S. Iwai, Crystal **2**, 560 (2012).

[70] 渡邉 真史, 岡山大学理学研究科博士論文 平成 11 年 3 月.

[71] P. Atokins, J. Paula, Atokin's Physical Chemistry, 9th edition, Chater 22. など.

[72] D. Faltermeier, J. Braz, M. Dumm, M. Dressel, N. Drichiko, B. Petrov, V. Semkin, R. Vlasova, C. Mezire, P. Batail, Phys. Rev. B**76**, 165113 (2007).

[73] K. Yonemitsu, S. Miyashita, and N. Maeshima, J. Phys. Soc. Jpn. **80**, 084710 (2011).

[74] Y. Shimizu, K. Miyagawa, K. Kanoda, M. Maesato, and G. Saito, Phys. Rev. Lett. **91**, 107001 (2003), Y. Kurosaki, T. Shimizu, K. Miyagawa, K. Kanoda, and G. Saito, Phys. Rev. Lett. **95**, 177001 (2005), 清水康弘, 宮川和也, 鹿野田一司, 前里光彦, 斉藤軍治, 固体物理 **39**, 545 (2004).

[75] M. Abdel-Jawad, I. Terasaki, T. Sasaki, N. Yoneyama, N. Kobayashi, Y. Uesu, C. Hotta, Phys. Rev. B**82**, 125119 (2010).

[76] M. Naka and S. Ishihara, J. Phys. Soc. Jpn. **79**, 063707 (2010), M. Naka, and S. Ishihara, J. Phys. Soc. Jpn. **82**, 023701 (2013), 石原純夫, 中惇, 固体物理 **46**, 337 (2011).

[77] C. Hotta, Phys. Rev. B**82**, 241104R (2010).

[78] Y. Nakamura, N. Yoneyama, T. Sasaki, T. Tohyama, A. Nakamura, H. Kishida, J. Phys. Soc. Jpn. **83**, 074708 (2014).

[79] K. Itoh, H. Itoh, M. Naka, S. Saito, I. Hosako, N. Yoneyama, S. Ishihara, T. Sasaki, and S. Iwai, Phys. Rev. Lett. **110**, 106401 (2013), K. Itoh, H. Itoh, S. Saito, I. Hosako, Y. Nakamura, H. Kishida, N. Yoneyama, T. Sasaki, S. Ishihara and S. Iwai, Phys. Rev. B**88**, 125101 (2013), 岩井伸一郎, 石原純夫, 佐々木孝彦, 固体物理 **50**, 59 (2015).

[80] K. Sedlmeier, S. Elsasser, D. Neubauer, R. Beyer, D. Wu, T. Ivek, S. Tomic, J. A. Schleuter, and M. Dressel, Phys. Rev. B**86**, 245103 (2012).

[81] S. Iguchi, S. Sasaki, N. Yoneyama, H. Taniguchi, T. Nishizaki, and T. Sasaki, Phys. Rev. B**87**, 075107 (2013).

[82] K. Yakushi, K. Yamamoto, T. Yamamoto, Y. Saitoh, A. Kawamoto, J. Phys. Soc. Jpn. **84**, 084711 (2015).

[83] M. Dressel, P. Lazić, A. Pustogow, E. Zhukova, B. Gorshunov, J. A. Schlueter, O. Milat, B. Gumhalter, and S. Tomić Phys. Rev. B**93**, 081201(R) (2016).

[84] A. Girlando, M. Masino, and G. Visentini, Raffaele Guido Della Valle, A. Brillante, and E. Venuti, Phys. Rev. B**62**, 14476 (2000).

[85] The Principle of Nonlinear Optics, Y. R. Shen, Wiley & Sons 2003.

[86] R. W Boyed, Nonlinear Optics, 3'd edition, Academic Press 2008.

[87] G. Cerullo and S. D. Silvestri, Rev. Sci. Instrum. **74**, 1 (2003).

[88] A. Shirakawa, T. Kobayashi, Appl. Phys. Lett. **74**, 2268 (1999), T. Kobayashi, A. Shirakawa, Appl. Phys. B**70**, S239 (2000).

[89] G. Cirmi, D. Brida, C. Manzoni, M. Marangoni, S. De Silvestri and G. Cerullo, Opt. Lett. **32**, 2396 (2007).

[90] D. Brida, M. Marangoni, C. Manzoni, S. De Silvestri and G. Cerullo, Opt. Lett. **33**, 2901 (2008).

[91] D. Brida,, G. Cirmi, C. Manzoni, S. Bonora, P. Villoresi, S. De Silvestri, and G. Cerullo, Opt. lett. **33**, 741 (2008).

[92] 川上洋平，東北大学大学院理学研究科　博士論文 平成 23 年 3 月．

[93] G. P. アグラワール，非線形ファイバー光学，小田垣孝，山田興一訳，吉岡書店 (1997).

[94] T. Fuji and T. Suzuki, Opt. Lett. **32**, 3330 (2007).

[95] Y. Nomura, H. Shirai, K. Ishii, N. Tsurumachi, A. A. Voronin, A. M. Zhelitkov, and T. Fuji, Opt. Express **22**, 24741 (2012).

[96] 岩井伸一郎，超高速分光と光誘起相転移　朝倉書店 (2014).

[97] R. L. Fork, C. H. Cruz, P. C. Becker and C. V. Shank, Opt. Lett. **12**, 483 (1987).

[98] M. Nisoli, S. DeDilvestri, O. Svelto, Appl. Phys. Lett. **68**, 2793 (1996).

[99] B. E. Schmidt, A. D. Shiner, P. Lassonde, J-C. Kieffer, P. B. Corkum, D. M. Villeneuve, F. Legare, Opt. Express **19**, 6858 (2011).

[100] V. Cardin, N. Thire, S. Beaulieu, V. Wanie, F. Legare and B. E. Schmidt, Appl. Phys. Lett. **107**, 181101 (2015).

[101] 石川貴悠，川上洋平ほか (unpublished).

[102] Y. Kawakami, T. Fukatsu, Y. Sakurai, H. Unno, S. Iwai, T. Sasaki, K. Yamamoto, K. Yakushi, K. Yonemitsu, Phys. Rev. Lett. **105**, 246402 (2010), 岩井伸一郎，固体物理「動的光物性の新展開」特集号，**46**, 651 (2011), Shinichiro Iwai, Crystal **2**, 560 (2012).

[103] S. Miyashita, Y. Tanaka, S. Iwai, and K. Yonemitsu, J. Phys. Soc. Jpn. **79**, 034708 (2010)., K. Yonemitsu, Crystal, **2**, 56 (2012), 米満賢治，固体物理，**48**, 1 (2013).

[104] H. Suzuki, T. Kinjo, Y. Hayashi, M. Takemoto and K. Ono, J. Acoustic Emission, **14**, 69 (1996).

[105] H. Gomi, A. Takahashi, T. Tastumi, S. Kobayashi, K. Miyamoto, J. D. Lee, and M. Aihara, J. Phys. Soc. Jpn. **80**, 034709 (2011).

[106] K. Yonemitsu and K. Nishioka, J. Phys. Soc. Jpn. **84**, 054702 (2015).

[107] M. E. Kozlov, K. I. Pokhidina, and A. A. Yurchenko, Spectrochim. Acta, Part A, **437** (1989).

[108] M. Hase, M. Kitajima, A. M. Constantinescu and H. Petek, Nature **426**, 51 (2003).

[109] 宮本健郎，プラズマ物理・核融合，東京大学出版会 (2004).

[110] F. Krausz and M. Ivanov, Rev. Mod. Phys. **81**, 163 (2009).

[111] H. Aoki, N. Tsuji, M. Eckstein, M. Kollar, T. Oka, P. Werner, Rev. Mod. Phys. **86**, 780 (2014), 岡隆史，青木秀夫，日本物理学会誌，**1**, 1 (2012), 辻直人，岡隆史，青木秀夫，固体物理 **48**, 425 (2013).

[112] A. Schiffrin, T. Paasch-Colberg, N. Kapowicz, V. Apalkov, D. Gerster, S. Mühlbrandt, M. Korbman, J. Reichert, M. Schultze, S. Holzner, J. V. Barth, R. Kienberger, R. Ernstrfer, V. S. Yakovlev, M. I. Stockman and F. Krausz, Nature **493**, 70 (2013).

[113] M. Schultze, E. M. Bothschafter, A. Sommer, S. Holzner, W. Schweinberger, M. Fiess, M. Hofstetter, R. Kienberger, V. Apalkov, V. S. Yakovlev, M. IStockman, and F. Krausz, Nature **493**, 75 (2013).

[114] O. Schubert, M. Hohenleutner, F. Langer, B. Urbanek, C. Lange, U. Huttner, D. Golde, T. Meier, M. Kira, S. W. Koch and R. Huber, Nature Photon. **8**, 119 (2014).

[115] M. Hohenleutner, F. Langer, O. Schuber, M. Knorr, U. Huttner, S. W. Koch, M. Kira, and R. Huber, Nature, **523**, 572 (2015).

[116] B. Piglosiewicz, S. Schmidt, D. J. Park, J. Vogelsang, P. Gros, C. Manzoni, P. Farinello, G. Cerullo, and C. Lienau, Nature Photon. **8**, 37 (2014).

[117] D. H. Dunlap and V. M. Kenkre, Phys. Rev. B**34**, 3625 (1986).

[118] F. Grossmann, T. Dittrich, P. Jung, and P. Hanggi, Phys. Rev. Lett. **67**, 516 (1991).

[119] Y. Kayanuma, and K. Saito, Phys. Rev. A**77**, 010101(R) (2008).

[120] N. Tsuji, T. Oka, P. Werner, and H. Aoki, Phys. Rev. Lett. **106**, 236401 (2011).

[121] N. Tsuji, T. Oka, H. Aoki, P. Werner, Phys. Rev. B**85**, 155124 (2012).

[122] K. Nishioka and K. Yonemitsu, J. Phys. Soc. Jpn. **83**, 024706 (2014).

[123] H. Yanagiya, Y. Tanaka, and K. Yonemitsu, J. Phys. Soc. Jpn. **84**, 094705 (2015).

[124] T. Ishikawa, Y. Sagae, Y. Naitoh, Y. Kawakami, H. Itoh, K. Yamamoto, K. Yakushi, H. Kishida, T. Sasaki, S. Ishihara, Y. Tanaka, K. Yonemitsu and S. Iwai, Nat. Commun. **5**, 5528 (2014).

[125] Y. Tanaka, and K. Yonemitsu, J. Phys. Soc. Jpn. **77**, 034708 (2008).

[126] Y. Naitoh, Y. Kawakami, T. Ishikawa, Y. Sagae, H. Itoh, K. Yamamoto, T. Sasaki, M. Dressel, S. Ishihara, Y. Tanaka, K. Yonemitsu, and S. Iwai, Phys. Rev. B**93**, 165126 (2016) および http://link.aps.org/supplemental/10.1103/Phys. Rev. B**93**.165126.

[127] C. S. Jacobsen, D. B. Tanner, and K. Bechgaard, Phys. Rev. B**28**, 7019 (1983).

[128] L. Balicas, K. Behnia, W. Kang, E. Canadell, P. Auban-Senzier, D. Jerome, M. Ribault, and J. M. Fabre, J. Phys. I France, **4**, 1539 (1994).

[129] A. Pashkin, M. Dressel, and C. A. Kuntscher, Phys. Rev. B**74**, 165118 (2006).

[130] M. Dressel, M. Dumm, T. Knoblanch, and M. Masino, Crystals **2**, 528 (2012).

[131] P. Monceau, F. Nad, S. Brazovskii, Phys. Rev. Lett. **86**, 4080 (2001).

[132] J. Favand and F. Mila, Phys. Rev. B**54**, 10425 (1996).

[133] A. Ono, H. Hashimoto and S. Ishihara, arXiv:1605.01537., 小野敦 東北大学大学院修士論文, A. Ono, H. Hashimoto and S. Ishihara (unpublished).

[134] R. Matsunaga, N. Tsuji, H. Fujita, A. Sugioka, K. Makise, Y. Uzawa, H. Terai, Z. Wang, H. Aoki, R. Shimano, Science **345**, 1145 (2014).

[135] Jun Ohara, Yu Kanamori, and Sumio Ishihara, Phys. Rev. B**88**, 085107 (2013).

索　引

▌英数字▶

π 電子系 (π-Electron system) ······ 19
0 次のベッセル関数 (0th order Bessel function) ································· 93
1/2（ハーフ）フィリング (Half-filling) ···························· 24
1/4（クォーター）フィリング (Quarter filling) ························ 26
1 軸性結晶 (Uniaxial crystal) ········ 74
1 次転移 (1'st order phase transition) 51
1 重項 (Singlet) ···························· 26
2 光子吸収 (Two-photon absorption) 73
2 次相転移 (2'nd order phase transition) ···························· 14, 53
2 次の非線形感樹率 (Nonlinear susceptibility) ·························· 46
2 次の非線形分極 (2'nd order nonlinear polarization) ············· 46
$3d$ 遷移金属酸化物 ($3d$ transition metal oxides) ···························· 5
3 次の非線形感受率 (3'd order nonlinear susceptibility) ············ 76
3 重項 (Triplet) ···························· 26
3 ステップモデル (3-Step model) ·· 90
4 光波混合 (Four-wave mixing) ····· 73
C=C（炭素二重結合）伸縮振動 65, 84
d, f 電子系 (d-, f- Electron system) 19
LIESST (Light Induced Excited Spin State Trapping) ························· 4

▌あ▶

アイドラ (Idler) 光 ······················ 73
アト秒 X 線 (Atto second X ray) ·· 90
アルカリ土類イオン (Alkaline earth ions) ···································· 29
アルカリハライド (Alkali halide) ···· 2
アンダーソン絶縁体 (Anderson insulator) ································ 19
イジングモデル (Ising model) · 12, 54
位相整合条件 (Phase matching condition) ································ 74
移動積分 (Transfer integral) ······ 6, 20
色中心 (Color center) ····················· 2
ウィグナー結晶 (Wigner lattice) ··· 27
ウェーブレット変換 (Wavelet transform) ······························ 81
運動量シフト (Momentum shift) · 112
永年方程式 (Seqular equation) ······ 25
エルビウムドープファイバーレーザー (Erbium-doped fiber laser) 72
エントロピー (Entropy) ················ 11
オンサイトクーロン反発エネルギー (On-site Coulomb repulsion energy) ··································· 23

▌か▶

界面エネルギー (Surface energy) ·· 17
化学ドーピング (Chemical doping) · 4
核生成 (Nucleation) ······················ 17
拡張ハバードモデル (Extended Hubbard model) ······················· 26
拡張ヒュッケル法 (Extended Hückel method) ···································· 59

拡張ホルシュタイン-パイエルス-ハバード・モデル (Extended Holstein-Peierls-Hubbard model) 85
価数制御 (Filling control) 29
過渡反射測定 (Transient reflectivity measurement) 44
下部ハバードバンド (Lower Hubbard band) 24
過冷却状態 (Super cooling state) 11
カーレンズモードロック (Kerr lens mode-lock) 72
疑似位相整合 (Quasi-phase matching) 74
希土類イオン (Rare-earth ions) 29
キャリア-エンベロープ位相 (Carrier-envelope phase; CEP) 8, 76
強磁性 (Ferromagnetism) 19
強相関電子系 (Strongly correlated electron system) 4
強束縛近似 (Tight-binding approximation) 20
共鳴励起 (Resonant excitation) 80
共役ポリマー (Conjugated polymer) 4
強誘電性 (Ferroelectricity) 19
強誘電ドメイン (Ferroelectric domain) 46
巨大磁気抵抗効果 (Giant magnetoresistance effect) 27
金属-絶縁体転移 (Metal-insulator transition) 4
ギンツブルグ - ランダウ理論 (Ginzburg - Landau theory) 15
空間的な不均一性 (Spatial inhomogeneity) 64
空間反転対称性 (Spatial inversion symmetry) 46
空間反転対称性の破れ (Breaking of spatioal inversion symmetry) 13
屈折率 (Reflactive index) 76
クラスター計算 (Cluster calculation) 62
クラマースクローニッヒ (Kramers-Kronig) 変換 45
クーロン反発 (Coulomb repulsion) 5, 19
群遅延 (Group delay) 78
形状可変鏡 (Deformable mirror) 78
ゲージ変換 (Guage transformation) 93
欠陥 (Defect) 3
結合-反結合遷移 (Bonding-antibouding transition) 58
決定論的 (Deterministic) 109
ケルディッシュライン (Keldysh line) 91
原子軌道 (Atomic orbital) 19
厳密対角化 (Exact diagonalization) 91
高温超伝導体 (High-temperature superconducors) 4, 26
光化学反応 (Photochemical reaction) 2
光学型横波フォノン (Longitudinal optical phonon) 65
交換相互作用 (Exchange interaction) 12, 42
高次高調波発生 (High-haramonic generation) 90
格子点（サイト, Site） 19
光電子放出 (Photoemission) 91
古典的な軌跡 (Classical trajectory) 61
コヒーレントフォノン (Coherent phonon) 60

さ

最安定状態 (Most stable state) 11
三角格子 (triangular lattice) 30, 32
散乱周波数 (Scattering frequency) 104
ジェリウムモデル (Jellium model) 27
時間依存シュレーディンガー方程式 (Time-dependent Schrödinger equation) 92

索 引

時間的なゆらぎ (Temporal fluctuation) 64
色素レーザー (Dye laser) 8
シグナル (Signal) 光 73
自己位相変調 (Self-phase modulation) 8, 73
自己相関関数 (Auto correlation function) 78
周期的分極反転電気光学結晶 (Periodically poled electro-optic crystal) 74
重心運動 (Center of mass motion) 39
重水素置換 (Deuteration) 31
集団励起 (Collective excitation) 67
縮退パラメトリック増幅 (Degenerate OPA) 75
シュレーディンガー方程式 (Schrödinger equation) 35
準安定状態 (Metastable state) 11
上部ハバードバンド (Upper Hubbard band) 24
消滅演算子 (Annihilation operator) 22
真空状態 (Vaccume state) 22
振電相互作用（Vibronic interaction または，Electron molecular vibration(EMV) coupling）・65, 85
侵入長 (penetration depth) 48
スケーリング則 (Scaling theory) ... 14
ストカスティック (Stochastic) 109
スピン液体 (Spin liguid) 63
スペクトログラム (Spectrogram) .. 81
スレーター行列式 (Slater determinant) 21
静水圧 (Hydrostatic pressure) 54
生成演算子 (Creation operator) 22
斥力引力変換 (Repulsive-attaractive conversion) 91
遷移確率 (Transition probability) ・36
遷移金属酸化物 (Transition metal oxides) 24
全対称モード (Totally symmetric mode) 85
占有数（粒子数）演算子 (Particle number operator) 23
相関長 (Correlation length) 11, 53
双極子間相互作用 (Dipole-dipole interaction) 37
相互相関関数 (Cross correlation fuction) 80
相図 (Phase diagram) 30
相対運動 (Relative motion) 39
相転移の普遍性 (Universality class) 18
相分離 (Phase separation) 11
ソフトニング (Softening) 65

■た▶

第一原理計算 (Ab initio calculation) 61
帯磁率 (Magnetic susceptibility) ... 14
第二高調波 (Second harmonics, SH) 46
第二高調波発生 (Second harmonic generation, SHG) 72
第二量子化 (Second quantization) 22
ダイマーモット絶縁体 (Dimer Mott insulator) 32, 57
ダイマーモデル (Dimer model) ... 104
縦モード (Longitudinal mode) 72
短距離秩序 (Short-range order) 14
弾性散乱 (Elastic scattering) 109
断熱近似 (Adiabatic approximation) 3
チタンサファイアレーザー (Titanium-sapphire laser) 8, 72
秩序度数 (Order paramenter) 13
秩序‐無秩序型 (Order-disorder type) 28
チャープミラー (Chirped mirror) ・78
中空ファイバー (Hollow fiber) 78
長距離クーロン反発 (Inter-site Coulomb repulsion) 26
超伝導 (Superconductivity) 19
テラヘルツ（Teraheltz, THz）光 ・・46
テラヘルツ時間領域分光 (Terahertz time-domain spectroscopy) 56

索引

テラヘルツ波発生 (Teraheltz wave generation) ……………………… 73
電荷移動型絶縁体 (Charge transfer insulator) ………………………… 26
電荷移動 (Charge transfer, CT) 励起子 ……………………………… 39
電荷秩序絶縁体 (Charge ordered insulator) ………………………… 19
電荷不均化 (Charge disproportionation) …………… 46
電荷密度波 (Charge Density Wave) 4
電気光学サンプリング法 (Electro-Optic sampling) ……… 51
電気双極子 (Electric dipole) ……… 28
電気双極子遷移 (Electric dipole transition) ………………………… 37
電子強誘電体 (Electronic ferrelectricity) ……………………… 28
電子/格子温度 (Electron/lattice temperature) ……………………… 103
電子-格子相互作用 (Electron-phonon interaction) ……………………… 9
銅酸化物 (Cuprate) ………………… 4
銅蒸気レーザー (Copper vaper laser) 7
動的局在 (Dynamical localization) 10, 91
動的平均場理論 (Dynamical mean field theory: DMFT) ……………… 91
動的臨界指数 (Dynamical critical exponent) ………………………… 53
ドメイン境界 (Domain boundary) 47
ドメイン構造 (Domain structure) · 11
ドルーデモデル (Drude model) … 103
トンネルイオン化 (Tunnel ionization) ………………………… 90

な

ナノドメイン (Nano domain) ……… 49
二重占有 (Double occupancy) … 6, 23
二面角 (Dihedral angle) …………… 32
熱振動 (thermal oscillation) …… 103

は

パイエルス絶縁体 (Peierls insulator) 19
パイエルスの位相 (Peierls phase) · 40
ハイゼンベルグの不確定性 (Heisenberg uncertainty principle) 27
パウリ原理 (Pauli principle) ……… 22
破壊的な干渉 (Destructive interference) …………………… 84
波束 (Wave packet) ………………… 72
ハートリーフォック (Hartree-Fock) 91
ハバードモデル (Hubbard model) · 23
ハーフサイクルパルス (half-cycle pulse) ……………………………… 113
パラメトリック増幅 (Optical Parametric Amplification) ……… 8
パリティ (Parity) …………………… 37
パルス圧縮 (Pulse compression) …… 76
パルス列 (Pulse train) ……………… 72
反転対称性 (Spatial inversion symmetry) …………………… 72
バンド構造 (Band structure) ……… 20
バンド絶縁体 (Band insulator) …… 19
バンド幅制御 (Bandwidth control) 4, 29
光解離 (Photodissociation) ………… 2
光キャリア (Photo-carrier) ………… 2
光パラメトリック効果 (Optical Parametric effect) ……………… 73
光パラメトリック増幅 (Optical parametric amplification, OPA) 73
光誘起相転移 (Photoinduced Phase Transition) ……………………… 4
ヒステリシス (Hysteresis) ………… 17
非線形屈折率 (Nonlinear reflactive index) ………………………… 76
非線形電気感受率 (Nonlinear electric susceptibility) …………………… 72
非線形分極 (Nonlinear polarization) 72
非対称電場 (Asymmetric field) … 112

索引

ヒッグスモード (Higgs mode) 112
非同軸配置を用いた位相整合 (Non-collinear phase matching) 74
比熱 (Specific heat) 14
非平衡現象 (nonequilibrium phenomena) 16
秤動 (Libration) 65
ファイバーレーザー (Fiber laser) ... 8
ファノ干渉 (Fano interference) 65
ファンホーブ (Van Hove) 理論 15
フィリング制御 (Filling control) 4
フェッシュバッハ (Feshbach) 共鳴 113
フェルベー (Verway) 転移 27
フェルミの黄金律 (Fermi's golden rule) 36
フェルミ (Fermi) 粒子 21
負温度状態 (Negative temperature) 10, 91
不均一性 (Spatial inhomogeneity) · 11
複屈折性 (Birefringence) 74
フラストレーション (Frustration) 効果 68
プラズマ振動数 (Plasma frequency) 103
プラズマ反射 (Plasama reflection) 45
プラズマ反射端 (Plasma edge) 103
フーリエ限界パルス (Transform-limited pulse) 72
フーリエ変換 (Fourier transform) .. 7, 71
ブリージングモード (breathing mode) 85
フレンケル (Frenkel) 型励起子 37
フロケ (Floquet) 89
分子軌道 (Molecular orbital) 19
平均場近似 (Mean field approximation) 12
並進対称性 (Translation symmetry) 39
ベクトルポテンシャル (Vector potential) 35, 92
ヘルムホルツの自由エネルギー (Helmholtz free energy) 12
変位型 (Displacive type) 28
包絡関数 (Envelope function) 8
ホッピング (Hopping) 20
ホッピングの抑制 (Hopping renomarization) 91
ポテンシャルバリア (Potential barrier) 51
ポンデアモーティブエネルギー (Pondermotive energy) 89
ポンププローブ (Pump-probe) 分光 44

ま

マグネタイト (Magnetite) 27
マザーウェーブレット (Mother wavelet) 82
窓フーリエ解析 (Window Fourier analysis) 81
マンガン酸化物 (Manganese Oxides) 4, 27
モット絶縁体 (Mott insulator) 24
モットハバードギャップ (Mott-Hubbard gap) 24
モットハバード絶縁体 (Mott-Hubbard insulator) 19, 24
モット-ワニエ (Mott-Wannier) 型励起子 38
モードロック (Mode-lock) 72
モンテカルロシュミレーション (Monte Carlo simulation) 16, 54

や

有機電荷移動錯体 (Organic charge transfer complexes) 6
有機伝導体 (Organic conductors) 6
有効移動積分 (Effective transfer integral) 93
有効質量近似 (Effective-mass approximation) 39
誘電異常 (Dielectric anomaly) 63
誘電体多層膜 (Dielectric multilayer)

ミラー 76
誘電率 (Dielectric constant または，
　　Permittivity) 39

■ら▶

ラジカルカチオン (Radical cation) 86
ラマン活性 (Raman active) 60, 85
ランジュバン方程式 (Langevan
　　equation) 17
リラクサ-強誘電体 (Relaxor
　　ferroelectrics) 63
臨界現象 (Critical phenomena) 11, 13
臨界減速 (Critical slowing down)・11, 53
臨界指数 (Critical exponent) ·· 13, 53
励起子 (Exciton) 2
冷却原子 (Cold atom) 113
レーザー冷却 (Laser cooling) 89
ローレンツモデル (Lorentz model) 104

■わ▶

ワニエ-シュタルク局在 (Wannier
　　-Stark ladder) 94
ワニエ状態 (Wannier state) 40

著者紹介

岩井伸一郎(いわい　しんいちろう)

1995年　名古屋大学大学院工学研究科応用物理学専攻博士課程修了．博士(工学).
1994-1995年　日本学術振興会特別研究員.
1995年　通産省工業技術院物質工学工業技術研究所　研究官.
2001年　産業技術総合研究所 主任研究員．2002-2005年　科学技術振興機構さきがけ併任.
2003年　東北大学大学院理学研究科 助教授(2007年　職名変更により准教授)
2009年-現在　同教授.
2008-2014年　科学技術振興機構CREST研究代表者
専　　門　超高速レーザー分光
著　　書　「超高速分光と光誘起相転移」(朝倉書店　2014)
趣　　味　走ること，歩くこと

基本法則から読み解く 物理学最前線 12
多電子系の超高速光誘起相転移
光で見る・操る・強相関電子系の世界

Ultrafast Photoinduced
Phase Transition
—Capturing and Driving
Correlated Electrons—

2016 年 11 月 15 日　初版 1 刷発行

著　者　岩井伸一郎 © 2016
監　修　須藤彰三
　　　　岡　真
発行者　南條光章
発行所　共立出版株式会社
　　　　東京都文京区小日向 4-6-19
　　　　電話　03-3947-2511（代表）
　　　　郵便番号　112-0006
　　　　振替口座　00110-2-57035
　　　　URL http://www.kyoritsu-pub.co.jp/

印　刷
製　本　藤原印刷

検印廃止
NDC 425.5
ISBN 978-4-320-03532-4

一般社団法人
自然科学書協会
会員

Printed in Japan

JCOPY ＜出版者著作権管理機構委託出版物＞
本書の無断複製は著作権法上での例外を除き禁じられています．複製される場合は，そのつど事前に，出版者著作権管理機構（TEL：03-3513-6969，FAX：03-3513-6979，e-mail：info@jcopy.or.jp）の許諾を得てください．

毎日コツコツ演習！　1日1題30日でわかる!!

フロー式 物理演習シリーズ

須藤彰三・岡　真［監修］／全21巻刊行予定

❶ ベクトル解析
―電磁気学を題材にして―
保坂　淳著‥‥‥‥‥140頁・本体2,000円

❷ 複素関数とその応用
―複素平面でみえる物理を理解するために―
佐藤　透著‥‥‥‥‥176頁・本体2,000円

❸ 線形代数
―量子力学を中心にして―
中田　仁著‥‥‥‥‥174頁・本体2,000円

❺ 質点系の力学
―ニュートンの法則から剛体の回転まで―
岡　真著‥‥‥‥‥160頁・本体2,000円

❻ 振動と波動
―身近な普遍的現象を理解するために―
田中秀数著‥‥‥‥‥152頁・本体2,000円

❼ 高校で物理を履修しなかった人のための 熱力学
上羽牧夫著‥‥‥‥‥174頁・本体2,000円

❽ 熱力学
―エントロピーを理解するために―
佐々木一夫著‥‥‥‥192頁・本体2,000円

❿ 量子統計力学
―マクロな現象を量子力学から理解するために―
石原純夫・泉田　渉著　192頁・本体2,000円

⓬ 弾性体力学
―変形の物理を理解するために―
中島淳一・三浦　哲著　168頁・本体2,000円

⓲ 相対論入門
―時空の対称性の視点から―
中村　純著‥‥‥‥‥182頁・本体2,000円

⓳ シュレディンガー方程式
―基礎からの量子力学攻略―
鈴木克彦著‥‥‥‥‥176頁・本体2,000円

⓴ スピンと角運動量
―量子の世界の回転運動を理解するために―
岡本良治著‥‥‥‥‥160頁・本体2,000円

㉑ 計算物理学
―コンピュータで解く凝縮系の物理―
坂井　徹著‥‥‥‥‥148頁・本体2,000円

＊＊＊＊＊＊＊＊＊＊＊＊＊＊＊＊＊＊＊＊

❹ 高校で物理を履修しなかった人のための 力学
福島孝治著‥‥‥‥‥‥‥‥‥続　刊

❾ 統計力学
川勝年洋著‥‥‥‥‥‥‥‥‥続　刊

⓫ 高校で物理を履修しなかった人のための 電磁気学
須藤彰三著‥‥‥‥‥‥‥‥‥続　刊

⓬ 電磁気学
武藤一雄・岡　真著‥‥‥‥‥続　刊

⓭ 物質中の電場と磁場
村上修一著‥‥‥‥‥‥‥‥‥続　刊

⓮ 光と波動
須藤彰三著‥‥‥‥‥‥‥‥‥続　刊

⓯ 流体力学
境田太樹著‥‥‥‥‥‥‥‥‥続　刊

⓱ 解析力学
綿村　哲著‥‥‥‥‥‥‥‥‥続　刊

（続刊のテーマ・執筆者は変更される場合がございます）
＊＊＊＊＊＊＊＊＊＊＊＊＊＊＊＊＊＊＊＊

【各巻：A5判・並製本・税別本体価格】

http://www.kyoritsu-pub.co.jp/　　**共立出版**　（価格は変更される場合がございます）

https://www.facebook.com/kyoritsu.pub